儿童安全大百科

CHILDREN'S ENCYCLOPEDIA OF SAFETY

鞠萍 主编

中国大百科全书出版社

图书在版编目（CIP）数据

儿童安全大百科 / 鞠萍主编. --2版. --北京：
中国大百科全书出版社，2017.5
ISBN 978-7-5202-0039-4

Ⅰ．①儿… Ⅱ．①鞠… Ⅲ．①安全教育－儿童读物
Ⅳ．①X956-49

中国版本图书馆CIP数据核字(2017)第073863号

策　　划：刘金双

责任编辑：刘金双　王　艳

责任印制：邹景峰

装帧设计：TOPTREE
ctstoptree.com

中国大百科全书出版社出版发行
（北京阜成门北大街17号　电话：010-68363547　邮编：100037）
http://www.ecph.com.cn
北京九天鸿程印刷有限责任公司印制
新华书店经销
开本：889毫米×1194毫米　1/16　印张：14
2017年5月第2版　2020年11月第4次印刷
印数：20001～23000
ISBN 978-7-5202-0039-4
定价：98.00元

知道危险的孩子最安全

　　孩子发生意外，很多时候是因为不知道危险。数据统计显示：每一起人身伤亡事故的背后，都有无数种危险的行为。用冰山来比喻：一起伤亡事故，就像冰山浮在海面上的部分，无数种危险的行为就像海面以下的部分。海面上的冰山能够引起人们的重视，海面以下的部分却不易被发觉。殊不知，那才是最可怕的安全隐患，就是它们酿成了一起又一起事故。所以，只有消除"水下"那些潜在的危险，才能保证真正的安全。

　　安全教育首先要做的是让孩子知道危险在哪里，让孩子避免危险。孩子对危险的认识度越高，就会越安全。《儿童安全大百科》这本书要告诉我们的正是这样一个道理。本书循着孩子们的生活足迹——家庭、学校、公园（动物园）、商场、运动场、路上、车（船、飞机）上、野外、网络，聚焦了140多个安全主题，以防患于未然为前提，以防止意外事故发生为目标，不仅让孩子认识到身边存在着各种危险因素，还告诉孩子在危险来临时该如何保护自己。

　　安全包括人身安全和心理安全两个方面。目前很多安全读本都忽视了儿童心理安全方面的教育，本书在这方面填补了空白，对儿童在生活和学习中遇到的各种困扰和烦恼，进行了专业的解答和心理疏导，对儿童安全进行了全方位的关照。

　　如果把各种可能对孩子造成伤害的东西或情形比喻成地雷，那么这本书最大限度地为孩子扫除了生活中的各种"地雷"——从家到学校，从室内到户外，从现实到网络，从天灾到人祸，从生理到心理，是一本分量十足的安全百科。

　　希望读了这本书的小朋友，能够远离危险，形成自觉的安全意识，从"要我安全"变为"我要安全"。

　　祝小朋友们每一天、每一刻、每一分、每一秒都安安全全！

王大伟

本书漫画人物简介

他们是谁？

朱小淘

故事里的小主人公，机智、聪明、淘气、自信满满而又常常制造点儿"小麻烦"。

王小闹

小淘的好朋友，憨厚、老实，时不时地冒点儿傻气。

夏 朵

小淘的好朋友，可爱、懂事、善良，是标准的"好孩子"。

打开这本"救命"书，嘿嘿，这么多故事啊，真好看！书中有三个不同性格的小朋友，就像生活中的"你""我""他"，每天做着傻事，也不断在学习新的知识。他们的爸爸、妈妈则是安全的守护天使，护佑着他们健康、快乐地成长。

现在，我们来认识一下故事里的主要人物吧！

闹闹妈妈

对闹闹要求很严格，其实很关心闹闹。

小淘妈妈

时刻关心小淘的生活，是位称职的好妈妈。

小淘爸爸

风趣幽默，深受小朋友们喜爱。

目录

01 社会生活篇
SHEHUI SHENGHUO PIAN

① 在家里

② 在学校里

③ 在公园（动物园）里

4 在商场里

5 在运动场上

6 在路上

7 在交通设施上

8 在野外

9 在网络上

02 自然灾害篇

ZIRAN ZAIHAI PIAN

03 心理安全篇

XINLI ANQUAN PIAN

04 附录

FULU

❶ 在家里

❷ 在学校里

❸ 在公园（动物园）里

01 社会生活篇

SHEHUI SHENGHUO PIAN

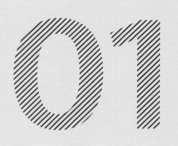

❹ 在商场里

❺ 在运动场上

❻ 在路上

❼ 在交通设施上

❽ 在野外

❾ 在网络上

1. 用火时

　　有人喜欢玩火，可是一旦引发火灾，那就一点儿也不好玩了！生活中用火的地方很多，我们要格外当心，千万别做危险的纵火者。

安全守则

★ 点燃的蜡烛和蚊香要远离窗帘、蚊帐、衣物、书本等可燃物。

★ 不要玩火，不要携带火柴或打火机等火种。

★ 不要在易燃、易爆物品存放处用火。

★ 用完燃气要及时关闭阀门。

★ 不要随意燃放烟花爆竹，更不要在室内或火炉内燃放。

🔘 紧急自救

　　遭遇火灾时，千万不要惊慌失措。应立刻拨打火警电话"119"求助，同时不要盲目采取行动，应该冷静地观察，然后根据自己所处的位置采取相应的方法自救逃生。

- 出口逃生法：身处平房或楼房一层，如果门的周围火势不大，应迅速打开房门离开火场；如果房门已经被火包围，就必须另行选择出口脱身，比如从窗口跳出。

- 关门隔火法：身处平房或楼房一层，如果火势太大无法冲出房间，应立即关紧门窗，用毛毯等堵住门窗缝隙，并不断往上面浇水，令其冷却，防止外部火焰侵入，等待救援。

- 毛巾捂鼻法：在相对封闭的空间内，可以用折叠多层的湿毛巾捂住口鼻，这样能够有效阻挡火灾的烟气，过滤掉多数毒气。

- 匍匐前进法：在相对封闭的空间内，逃生时应尽量将身体贴近地面匍匐或弯腰前行。

- 湿被保护法：在居室内，可以把棉被、毛毯、棉大衣等浸湿，披在身上，以最快的速度冲到安全区域。

- 绳索自救法：如果楼层不高，在有把握的情况下，可以将结实的绳索一头系在窗框上，然后顺绳索滑落到地面；如果没有绳索，可以把床单、被罩、窗帘等撕成条儿，拧成麻花状并连接在一起当绳索，供逃生使用。

- 管线下滑法：如果楼层不高，还可以借助建筑外墙或阳台边上的水管、电线杆等下滑到地面。

🔊 特别提示

油锅着火不能用水浇

　　水能灭火，这是常识，但有一种情况是千万不能用水去灭火的，这就是油锅着火。为什么呢？

　　水是比油重的物质，如果将水泼到油上，水会沉入油的底层，带着燃烧的油四处蔓延，这样就加大了空气与火的接触面积，火势也会越来越大。因此一定要记住，当油锅着火后，不能用水将其浇灭。

灭火方式一览

- 炒菜油锅着火时：要关闭炉灶燃气阀门，然后迅速盖上锅盖灭火，也可将切好的蔬菜倒入锅内冷却灭火，还可以用能遮住油锅的大块湿布盖在锅上，但千万不能用水浇。
- 液化气罐着火时：可用浸湿的被褥、衣物等捂灭，还可用干粉或苏打粉灭火。火熄灭后要立即关闭阀门。
- 家用电器或线路起火时：不可直接泼水，要先切断电源，然后用干粉灭火器灭火。
- 纸张、木头或布起火时：可用水来扑救。
- 汽油、酒精、食用油着火时：可用土、泥沙、干粉灭火器等灭火。
- 灭火器的使用方法：

1. 提起灭火器　　2. 拔下保险销　　3. 用力压下手柄　　4. 对准火源根部扫射

火灾逃生歌谣

火场逃生要镇定，找对出口保性命；

浸湿毛巾捂口鼻，弯腰靠近墙边行；

困在屋内求救援，临窗挥物大声喊；

床单结绳拴得牢，顺绳垂下亦能逃；

遇火电梯难运转，高层跳楼更危险；

生命第一记心间，已离火场莫再返。

2.用电时

电是光明的使者，但也是摸不得屁股的老虎，一旦冲出牢笼，它可是会吃人的。所以我们一定要摸透它的脾气，安全使用它。

安全守则

★ 了解家中电源总开关以及所有电器开关的位置，紧急时及时切断电源。

★ 不要用手或导电物（铁丝、钉子等金属物）接触、探试电源插座内部。

★ 不要用湿手触摸电器，也不要用湿布擦拭电器。

★ 电器使用完毕应关掉电源，然后拔掉电源插头。插拔电源插头时不要用力拉拽电线，以防因电线的绝缘层受损而触电。

特别提示

发现有人触电后

发现有人触电后，应立即大声呼救。若事故现场没有旁人，在保证自身安全的情况下，要设法及时切断电源，拉下电闸，或者用干燥的竹竿、木棍将导电物与触电者分开，千万不要用金属棒或者潮湿的木棍接触触电者，更不可直接接触触电者，以防触电。

触电者脱离电源后，如处于昏迷状态，要想办法将其移到通风处，解开触电者的衣扣，使其自由呼吸，然后请大人来帮忙或者拨打急救电话"120"求助。

知道多一点

户外防电"六不要"

1.不要到电动机和变压器附近玩耍。

2.不要爬电线杆或摇晃电线杆拉线。

3.不要在电线杆附近放风筝，风筝一旦接触电线，会非常危险。

4.不要在电线上或电线下面的铁丝上挂东西、晾衣服。

5.不要在大树下躲雨，因为淋湿的树叶会导电。

6.不要用手去拾落地的电线，以免触电。

安全用电歌谣

电器插座勿乱动，湿手千万不能沾；

人走电停拔插头，雷雨天气慎用电；

下雨最怕树下躲，电线杆下有雷击；

晾衣线绳和电线，保持距离莫搭连；

电线落地不要捡，保持距离防触电；

用电悲剧常发生，安全用电记心间。

3. 使用燃气时

　　燃气泄漏是非常危险的，泄漏的气体不但会导致人中毒，而且当燃气达到一定浓度的时候，还会引起爆炸。所以一定要安全使用燃气。

安全守则

★ 使用燃气前必须注意是否有臭味，确认不漏气后再开火使用，并注意保持通风良好。

★ 点燃时，如果连续三次打不着火，应停顿一会儿，确定燃气散尽后再重新打火。

★ 使用燃气时人不能离开，要随时照看灶具炉火，以确保用气安全。

★ 烧水和煮饭时，锅和壶里的水不要太满，以免溢出浇灭炉火造成泄气。

★ 使用灶具时如发现熄火，要立即关闭开关并打开门窗通风。

★ 用完燃气灶，要及时关好燃气阀门。

★ 睡觉之前要提醒爸爸、妈妈检查燃气灶是否关好，以免在熟睡中中毒。

⊕ 紧急自救

● 如果发现家里燃气泄漏了，要用湿毛巾包住手，立即关闭总阀门和各个截门，开窗通风，让燃气散尽，并尽快离开现场。

● 如果已经感到全身无力，应赶快趴倒在地，爬至门边或窗前，打开门窗呼救。

● 煤气异味散去之前，切勿点燃明火、开灯、开启或关闭任何电源开关，以免引起爆炸。

🔊 知道多一点

煤气中毒

煤气中毒通常指的是一氧化碳中毒。煤气中含有一氧化碳气体。一氧化碳无色无味，易与血液中的血红蛋白结合，从而引起机体组织缺氧，造成人昏迷并危及生命，即一氧化碳中毒。煤气中毒后，人往往会头晕、恶心、呕吐、四肢无力，严重者会抽搐、口吐白沫、昏迷甚至死亡。

❗ 真实案例

燃气泄漏事故频发

2014年9月19日，福建省厦门市一公寓楼发生一起严重的燃气爆炸事故，导致5人死亡、近20人受伤；

2015年12月5日，辽宁省葫芦岛市一居民楼发生液化气爆炸事故，导致4人死亡、11人受伤；

2016年9月19日，江苏省无锡市一民宅因液化气泄漏引发爆炸，导致5人死亡、5人受伤，其中各有2名儿童；

2017年1月11日，上海市一居民楼因天然气泄漏引发爆炸，导致4人死亡；

……

近年来，居家燃气泄漏造成的爆炸事故频繁发生，伤亡惨重。这说明在燃气使用率慢慢提升的同时，人们的安全意识却没有随之增强。我们必须提高警惕，时刻防备燃气这头近在咫尺的魔兽滥发淫威。

4. 看电视时

　　电视能让我们足不出户看到外面的世界。但是，电视除了给我们带来欢乐，也隐含着一些风险。所以，看电视也要遵守一些规则。

安全守则

　　★ 看电视的时间不宜过长，否则不仅容易造成视觉疲劳，而且还会影响正常的学习和生活。

　　★ 看电视时不宜距离电视过近，要保持足够的距离，以免伤害眼睛。

　　★ 电视播放的音量不宜过高，长时间被较高的音量刺激，听觉的感受性容易减弱。

　　★ 看电视时室内光线不宜过暗，以免电视亮度过强刺激眼睛。

★ 不要躺着看电视。躺着看电视时，视线与电视机屏幕不能保持在同一水平线上，需要用眼睛来调节，这样不仅会使眼睛感到疲劳，还会引起视力下降以及散光、斜视等。也不要歪歪斜斜地坐着看电视，这样容易养成不良的坐姿习惯，使未定型的脊柱发生变形或弯曲。

★ 不要边吃东西边看电视。边吃边看，嘴里的食物往往咀嚼不够，容易加重肠胃负担，影响消化。

★ 要选择有益的电视节目，不要看不健康或充满暴力的节目，以免影响身心健康。

★ 不能长期用遥控器关闭电视，看完电视后，要及时切断电源。

★ 雷电天不要看电视，而且要拔掉电视机的电源插头。

 知道多一点

看电视束缚想象力

科学家做过这样的实验：把孩子分成两组，一组听老师讲白雪公主的故事，一组看动画片《白雪公主》，之后让两组孩子画出心目中的白雪公主。听了故事的孩子根据想象，赋予白雪公主不同的形象、装束和表情，因此他们画出的白雪公主各不相同。而看了动画片的孩子画出的白雪公主全都一样，因为他们看到的是同一个样子。过些天，科学家让这两组孩子再画一次白雪公主，听故事的孩子这次画的和上次的又不一样，因为他们又有了新的想象；而看过动画片的孩子，画的和上次还是一样。

这个实验告诉我们，动画片中的人物形象往往固化了故事中的角色，束缚了孩子的思维。想保护孩子的想象力，就多讲故事给他们听，而别总是让他们看动画片。

给家长的话

电视节目尤其是影视作品对儿童思想行为的影响不容忽视。由于儿童缺乏足够的鉴别能力，行为方式和思想认识很容易受到影视作品的影响，有些孩子会模仿电视剧或动画片中角色的行为，从而发生一些不该发生的悲剧。因此，在孩子看电视的问题上，家长应该发挥更多的作用，对电视节目进行把关，并对孩子进行监管，以身作则，进行正确的引导。

5. 吹电风扇时

"电风扇,转转转,不知疲倦把活干;我有风扇来陪伴,再也不怕大热天!"不过,电风扇也是个危险的家伙,有时它会"咬人"哟!

安全守则

★ 大汗淋漓时不能直接对着电风扇吹,以免排汗不畅,导致人体循环被破坏。

★ 不要长时间对着电风扇吹,以防体温下降引起伤风、感冒、腹痛等疾病。

★ 不宜用电风扇降温伴睡,因为人在熟睡时机体各脏器的功能会降到最低水平,一切反射消失,免疫力下降,易招致疾病。

★ 不要用手指去摸或把任何物体插入正在旋转的扇叶,以免受伤。

★ 长头发要远离电风扇,以防被扇叶搅进去。

6. 使用微波炉时

现代家庭离不开微波炉，它给我们的生活带来了很大的便利；但使用不当，微波炉也会危害健康。那么，如何才算使用得当呢？

🌂 安全守则

★ 微波的辐射很强，开启微波炉后，人应该远离它，距离要达1米以上。

★ 微波加热的时间不能过长，否则容易烧焦食物，甚至引发危险。

★ 要使用专门的微波炉器皿盛装食物放入微波炉中加热，因此在使用微波炉之前应该检查所使用的器皿是否适用于微波炉。

★ 加热食物前一定要关好微波炉的门，加热期间不能打开，以防微波泄漏对身体造成辐射伤害。

★ 不要将封闭容器盛装的食物和密封包装的食物直接放进微波炉，应该开启后再加热，因为在封闭容器内食物加热产生的热量不容易散发，容器内压力过高，易引发爆炸。

★ 微波炉一次加热或解冻食物的数量不宜过多，食物太多会造成微波炉运转不正常。

★ 不可以在空无食物的时候启动微波炉。

★ 微波炉的按键是轻触式的，使用时不需要太用力；如果按错键了，可以按停止键予以取消。

★ 不能在微波炉中加热油炸食品，因为油炸食品经过高温加热之后，高温的油会飞溅，有可能引发火灾。

★ 微波炉内起火时，不能打开炉门，应该先关闭电源，等待火熄灭之后再开门进行降温。

★ 在微波炉中加热或是解冻的食物，若忘记取出，时间超过两个小时，则应该丢掉，以免引起食物中毒。

🔊 特别提示

勿将金属容器和普通塑料容器放入微波炉加热

千万不要将金属容器和普通塑料容器放入微波炉加热，因为将金属容器放入微波炉加热，金属会反射微波而产生火花，既损伤炉体，又妨碍加热食物；将普通塑料容器放入微波炉加热，一方面热的食物会使塑料容器变形，另一方面普通塑料会释放有毒物质，污染食物，危害身体健康。

7. 乘坐电梯时

　　城市生活离不开电梯，乘坐电梯既省时又省力。我们在享受方便的同时，更要确保上上下下的安全。

★ 不要在电梯里跑跳打闹，这可能会使电梯突然停运。

★ 不要用身体去阻止电梯关门，也不要将身体贴靠在电梯门上，以防电梯门开启时受伤。

★ 不要随意触摸电梯轿厢内的各种按键，电梯正常运行时不要按紧急求救按钮。

★ 电梯门没有关上就运行或运行中突然停止不动，说明电梯有故障，这种情况下要马上按紧急求救键。

★ 电梯超载后绝对不能乘坐；发生火灾或地震时，也一定不要乘坐电梯。

🔲 紧急自救

- 被困在电梯里出不来时，要保持镇定，可按紧急求救键、利用对讲机或拨打自己的手机求援。

- 如果电梯里没有警钟和电话机，手机又没有信号，可拍门大声叫喊，或用物品敲打电梯门，以引起外面人的注意；当无人回应时，应保持体力，耐心等待。

- 千万不要强行扒门，如果在扒门时恰巧电梯移动，将会造成人身伤害，严重的会坠入电梯井。

- 当电梯突然加速上升或下降时，应迅速按下所有楼层的按键，然后尽量稳住身体重心，将整个背部和头部紧贴轿壁，同时保持膝盖弯曲。

🔊 特别提示

火灾逃生不能乘电梯

发生火灾后，人们首先会切断电梯供电电源，电梯也就不能运行了；电梯井道从大楼的底层直通到最高层，相当于一个烟囱，一旦楼房失火，烟雾会向电梯井道内窜，电梯轿厢并非密不透风，浓烟很容易进入，最终可令人窒息身亡。所以，发生火灾时电梯也是最危险的地方。

🔊 知道多一点

乘电梯的礼仪

- 如果电梯门口有很多人在等候，不要挤在一起或挡住电梯门，应先下后上。

- 男士和晚辈应站在电梯开关处提供服务，并让女士、长辈先进电梯，自己随后进入。

- 与客人一起乘电梯时，应为客人按键，并请其先进出电梯。

- 在电梯里，大家尽量沿三个轿壁排成"凹"字形，挪出空间，以便让后进入者有地方可站。

- 即使电梯中的人都互不认识，站在开关处的人，也应为别人服务。

- 在电梯内不要大声交谈、喧哗。

8. 吃东西时

人是铁，饭是钢，一顿不吃饿得慌。我们靠吃饭维持生命，可吃饭也是大有学问的。吃好了，健健康康；吃不好，则会生病。

安全守则

★ 吃饭时要细嚼慢咽，狼吞虎咽会加重肠胃负担。

★ 饮食要适量，吃得过多会损伤肠胃。

★ 不要食用不干净的食物和过期变质的食物。

★ 嘴里有食物时尽量避免大笑或者说话，以防食物进入气管，发生危险。

★ 不要把东西抛到空中用嘴接着吃，这样容易使食物进入气管，发生危险。

★ 不宜贪吃冷饮，过冷的食物进入胃里会刺激胃黏膜，还可能使人患上消化系统的疾病，出现胃痛、腹泻等症状。

★ 要少喝碳酸饮料。碳酸饮料含有大量的碳酸，与人体中的游离钙结合后会生成碳酸钙，影响人体钙质的吸收，影响骨骼发育。可乐等碳酸饮料中的咖啡因还会导致慢性中毒。

★ 不要食用无根的豆芽、未烧熟的四季豆、发芽的马铃薯、变色的紫菜、鲜黄花菜、生豆浆、毒蘑菇、青西红柿、长斑的红薯、发芽的银耳、未腌透的咸菜等，这些食物易使人中毒。

9. 喝水时

　　水是生命的源泉，人对水的需要仅次于对氧气的需要。人人都在喝水，但喝水并不是一件简单的事儿，它是很有学问的。

25

★ 喝水时不要太急，不要说话或大笑，也不要躺着，以免呛到。

★ 不要饮用井水、河水、溪水以及家里的自来水等生水，因为这些水中含有细菌、病毒和寄生虫等。

★ 最好饮用温开水。过烫的水会破坏食道黏膜，过冷的水则会引起肠胃不适。

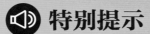

特别提示

不要等到口渴才喝水

要养成定时饮水的习惯，不要等口渴了再喝，因为口渴表示人体水分已失去平衡，是人体细胞脱水到一定程度、中枢神经发出要求补充水分的信号。

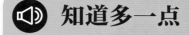

知道多一点

喝水过量也会中毒

水要喝，但并非多多益善，喝得过量了也会"中毒"。这是因为喝水过多，身体必须将多余的水分排出，但随着水分的排出，人体内以钠为主的电解质会被稀释，血液中的盐分会越来越少，吸水能力也随之降低，水分就会通过细胞膜进入细胞内，使细胞水肿，人就会出现头晕、眼花等"水中毒"的症状。

10. 服药时

　　俗话说"是药三分毒"，其实这已经说明了药物的危害。误服或过量服用药物，危害就更大了。

安全守则

★ 生病时不要自己随便用药，要根据医生的诊断，对症用药。

★ 在药店购买药物，要选择包装盒上有"OTC"字样的药品，即非处方药；购买处方药一定要有医生的诊断和指导。

★ 用药前要仔细阅读说明书，并对应自己的症状服用，尤其要注意按剂量服用，不能超量，以免引起不良反应甚至危及生命。

★ 服药前一定要看清楚药品的生产日期和保质期，不能服用过期药物，即便在有效期内，也要注意观察，变色变质的药物千万不要服用。

★ 打开包装而没有用完的药物，应存放在阴凉干燥的地方，不要更换包装，以免误服或变质而不知。

★ 没有医生指导，不要随意混合用药，几种药同时服用很容易造成剂量超标，损害健康。

★ 服药后要注意有无不良反应，如有严重不良反应，应立即就医。

⊕ 紧急自救

　　发现自己或他人误服药物中毒后，先要弄清药名和数量，然后采取相应的急救措施。

● 误服含强酸、强碱性的液体：应喝一些对应的液体中和毒液。误服酸性毒物后应喝一些碱性液体，误服碱性毒物后要喝酸性液体，然后大量饮用牛奶、蛋清，以防胃黏膜受到破坏，阻止人体对毒素的吸收。

● 误服安眠药、老鼠药等：最好的办法是催吐，先大量喝温开水或淡盐水，然后把食指和中指伸到口腔内压住舌根，把毒物呕吐出来，反复多次，直到全部吐出；如吐不出来，可以大量喝牛奶或蛋清。

● 误服癣药水和止痒水：应立即用茶水洗胃，因为茶叶中含有的鞣酸有解毒作用。

● 误服碘酒：可立即喝下大量米汤或面糊，然后用筷子刺激咽喉壁以催吐，最后再喝下稠米汤或蛋清等，以保护胃黏膜。

◁ 特别提示

止痛药和止泻药须慎服

　　急性腹痛时不要服止痛药，以免掩盖病情延误诊断；腹泻时不要乱服止泻药，以免毒素难以排出、肠道炎症加剧。

11. 吃鱼时

鱼类食品肉质细嫩，味道鲜美，营养丰富。假如你是爱吃鱼的"小馋猫"，千万要小心鱼刺哟！

🔱 安全守则

★ 鱼入口前要仔细看有没有刺，没有刺才能入口。

★ 入口的鱼肉要用舌头细细抿抿，当确保无刺时，才可以咽下。

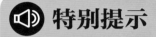

紧急自救

- 如果不小心被鱼刺扎到了，可用手电筒照亮口咽部，用小勺将舌背压低，仔细检查咽喉的入口两边，因为这是鱼刺最容易被卡住的地方。如果发现刺不大，扎得不深，可用长镊子夹出。
- 如果鱼刺较大或扎得较深，无论怎样做吞咽动作，仍疼痛不减，喉咙的入口两边及四周又看不见鱼刺，就应去医院治疗。

特别提示

除鱼刺时切勿大口吞咽食物

当鱼刺卡在嗓子里时，千万不能囫囵吞咽大块馒头、烙饼等食物。虽然有时这样做可以把鱼刺除掉，但有时这样做，不仅不能把鱼刺除掉，反而会使它刺得更深，更不易取出。

知道多一点

什么样的鱼不能吃

- 有异味的鱼：这种鱼很可能来自受污染的水域，人吃了会造成细胞蛋白质变性和沉淀而损害神经、肝脏和肾脏。
- 畸形的鱼：这种鱼很多体内都有肿瘤，人吃了不仅会影响身体健康，甚至还可能患上莫名其妙的疾病。
- 烧焦的鱼：这种鱼含有大量的致癌物质，坚决不能食用。
- 腌咸鱼：这种鱼放的时间较长，鱼体脂肪易被空气氧化而变质，对人体有较大的毒害。另外，咸鱼含盐较多，常吃易患高血压。

12. 吃火锅时

　　在寒冷的冬季，一家人围坐在桌边，吃着热气腾腾的火锅，真是一件乐事。但火锅虽然美味，却也暗藏陷阱，不得不防。

安全守则

★ 火锅以涮、烫为主，所选食材必须新鲜、干净，以防食物中毒。

★ 要把食物涮熟了再吃，否则未被杀死的细菌易引发消化道疾病。

★ 从锅中取出滚烫的涮食时，最好先放在小碟里晾一下，食用太烫的食物容易烫伤口腔、舌头或者损伤胃黏膜，导致急性食道炎和急性胃炎。

★ 要轻夹轻涮，以免被溅起的汤汁烫伤，同时手不要碰触热锅，以免被烫伤。

★ 夹熟食和生食的筷子要分开，以防生食上的细菌入口引发胃肠疾病。

13.燃放烟花爆竹时

　　节日里燃放烟花爆竹会增添很多乐趣，但燃放不合格的烟花爆竹或者燃放方法不当，也会给人们带来巨大的伤害。燃放烟花爆竹不小心可不行！

☂ 安全守则

★ 要在大人的指导下燃放烟花爆竹，不能独自玩火。

★ 燃放时一定要选择室外空旷的场地，不要在明令禁止的区域燃放，也不要在屋内燃放。

★ 燃放前要仔细阅读燃放说明，烟花爆竹要摆放平稳牢固，筒口朝上，没有注明可手持的不能手持燃放。

★ 点引线时注意身体任何部位都要离开筒口，侧身点燃，并迅速转移到安全区域观赏。

★ 当燃放的烟花出现熄火现象或没有爆响时，不要马上靠近，也不要再次点燃，要等待一段时间，确定安全后再上前处理。

★ 不要向行人、车辆及建筑物投掷烟花爆竹。

★ 在乡村燃放烟花爆竹要避开柴草，以免引发火灾。

★ 烟花爆竹不可长期储存在家中，储存时要远离火源，避免受潮和被暴晒。

紧急自救

● 如果不幸被烟花爆竹炸伤，要尽快往烧伤部位浇冷水，防止烧伤面积扩大，然后用消毒纱布或干净的手帕等轻轻覆盖伤口。

● 如果皮肤表面起了水泡，不要将其弄破，也不要涂抹药水、药膏等，以免增加感染风险。

● 如果头部被烧伤，可用干净的毛巾裹住冰块进行冷敷，然后尽快就医。

知道多一点

烟花爆竹有等级

烟花爆竹按照药量和危险性由高到低分为A、B、C、D四个等级，消费者应根据燃放者的年龄、对烟花爆竹燃放要点的掌握，合理选购烟花爆竹产品。

A级产品：需要专业人员持燃放许可证在特定条件下燃放。

B级产品：适于在室外大空间燃放。当按照说明燃放时，距离产品及其燃放轨迹25米以外的人或财产不会受到伤害。

C级产品：适于在室外相对开放的空间燃放。当按照说明燃放时，距离产品及其燃放轨迹5米以外的人或财产不会受到伤害。

D级产品：可近距离燃放。当按照说明燃放时，距离产品及其燃放轨迹1米以外的人或财产不会受到伤害。

14. 养护植物时

　　为了净化空气，美化家居，很多家庭都会养一些绿色植物。别小看这些花草，它们之中可是隐藏着很多健康杀手呢！

安全守则

★ 有些植物如月季、仙人掌等，长有尖刺，容易刺破人的皮肤，不要用手去触碰。

★ 有些植物如夜来香、郁金香等，散发的香气过于浓郁，会刺激人体的神经系统，让人头晕、恶心，身体不适。

★ 有些植物如滴水观音、水仙花等，含有毒素，如果你折断它们的茎叶舔舐或者放到嘴里嚼，就会中毒。

★ 有些植物的叶面早上会吐出露珠，这时千万不要轻易触碰它们，或将它们采下来含到嘴里，因为此时的露珠大多是植物代谢的产物，毒性比较强。

★ 绿色植物白天可以放在室内，晚上会释放二氧化碳，还会和人抢着吸氧，所以睡觉时最好移到室外。

🔊 知道多一点

常见的有毒植物

- 滴水观音：茎内的白色汁液以及叶子上滴下来的水有毒，皮肤与其接触会瘙痒或强烈刺激，眼睛与其接触，则可引起严重的结膜炎，甚至失明。

- 龟背竹：叶子会滴水，毒性与滴水观音类似。

- 绿萝：汁液有毒，皮肤接触到它会红痒，人误食它会喉咙疼痛。

- 夹竹桃：茎、叶、花朵都有毒，它分泌出的乳白色汁液含有一种叫夹竹桃苷的有毒物质，误食会中毒。

- 水仙：人体一旦接触到水仙花叶和花的汁液，皮肤会红肿；误食会出现呕吐、腹泻、手脚发冷等症状，严重时会导致痉挛、麻痹而死亡。

- 夜来香：夜间停止光合作用，夜来香会排出大量废气，对人的健康极为不利，因而晚上不应在夜来香花丛前久留。

- 含羞草：内含含羞草碱，接触过多会使眉毛稀疏、毛发变黄，严重的会导致毛发脱落。

- 红掌：又名红烛，和滴水观音同属天南星科植物，叶子和茎都有毒。

| 滴水观音 | 龟背竹 | 绿萝 | 夹竹桃 |
| 水仙 | 夜来香 | 含羞草 | 红掌 |

15. 陌生人敲门时

门是忠诚的卫士，守护着家，但却不能给我们带来绝对的安全；真正把危险挡在门外的，是我们的安全意识。

安全守则

★ 独自在家要及时把门窗关好锁好。如果听到有人敲门，要通过门镜辨认来人或问清来人是谁、来找谁、有什么事，千万不能先开门再问询。

★ 如果有人以推销员、修理工等身份请求开门，一律要谢绝，请他离开。

★ 无论来人是否说认识你的家人，只要你不认识来人，不管他有什么理由，都不要告诉他任何事情，更不可让他进来。

★ 在交谈中，可用"爸爸正在睡觉"或是"爸爸到楼下买菜"等答话暗示、吓退陌生人。

★ 若来人纠缠不休，可以声称要打电话给父母、警察，或者到阳台、窗口高声呼喊，向邻居、行人求救，从而吓走他，也可以给父母、邻居或小区保安打电话求助。

★ 一旦不小心被坏人骗，放他进了门，可以告诉他爸爸、妈妈马上就会回来，也可以趁门还没有关好快速跑出去，然后找人帮忙。千万不要和坏人发生争执，不要激怒他，要找时机逃脱并报警。

16. 陌生人来电话时

　　电话不仅是我们的信使，也常被坏人当成犯罪工具。作为家里的小主人，你可要提高警惕，和陌生人通话，一定要守住家庭机密。

安全守则

★ 独自在家接到陌生人的电话，首先要问清来电话的人是谁，有什么事。

★ 要保持警惕，最好不要让对方知道只有你一人在家。

★ 不要随意与陌生人交谈。如果是骚扰电话，赶紧挂掉。

★ 接到某些推销产品或进行市场调查的电话，可以说自己"不清楚"或"没时间"，然后礼貌地挂掉。

★ 交谈中不能把自己的家庭住址和人口情况等隐私内容泄露给陌生人，也不能盲目地按照陌生人的要求去办事。

★ 如果来电人要爸爸、妈妈的电话号码，不要告诉他，可请他留下姓名、电话号码并告知来电目的。

★ 交谈中必须警惕。如果来电人说爸爸或妈妈发生了意外，需要你去某医院送钱或物品，千万不要轻易听信，可以打电话给爸爸、妈妈核实情况。

 ## 知道多一点

电信诈骗

电信诈骗无处不在，无孔不入。有些手段十分隐蔽，难以分辨，且五花八门，不断翻新。我们要了解常见的两大诈骗门类，以不变应万变。

● 冒充公检法等国家机关人员进行诈骗

这种诈骗犯打电话冒充公安，称有一起所谓的"重大刑事案件"需要协助调查，要求你说出自己的身份证号、银行卡号、存折密码及其他相关信息，并要你将资金转移到指定"安全账户"内。如遇到类似情况，告诉他有问题就让当地公安机关来找自己。

● 虚假中奖、欠费、退费类诈骗

"我是××省公证处的公证员××，恭喜你的手机（或电话号码）在××抽奖中了×等奖，奖品是小轿车一部……""由于您的有线电视欠费，我们将在两小时后停止服务。如有疑问，请按……""您好，这里是中国电信客户服务热线。由于我们的工作失误，您的电话费这几个月共多收了××元，如确认退费请按……"这类电话迷惑性很大，假如你按照语音提示操作，就会一步步栽进不法之徒设好的圈套。其实，只要认真查看一下来电号码，就可识破此类骗局。

17. 在浴室洗澡时

洗澡不仅可以清洁肌肤，防止细菌传播，还能缓解身体疲劳。洗澡是件很惬意的事情，但若不小心，也会发生意外。

安全守则

★ 洗澡时必须有大人在身边，千万不能独自到浴室洗澡，更不能把浴室门反锁起来，以免发生意外。

★ 使用电热水器洗澡前要关闭电源；使用煤气热水器要注意通风，谨防煤气中毒；洗澡时间不宜过长，以防头晕、体力不支。

★ 浴室地面湿滑，不要蹦跳、玩耍，尽量穿防滑拖鞋，以免摔伤；在浴缸里洗澡，进入时一定要小心，以防滑入水中被淹到或呛到；也不要在浴缸中玩潜水闭气的游戏。

★ 洗澡的水温要适度，过热会烫伤皮肤，过冷会引发感冒。

 **紧急自救**

洗澡时如果感到头晕，要立即离开浴室，喝杯温开水，躺下放松。

18. 在阳台上时

　　阳台是楼房的氧吧，是呼吸新鲜空气、观赏景物的好地方，但这方寸之地，也埋藏着不小的安全隐患。

★ 不能爬阳台，更不能从一处阳台翻越到另一处阳台。

★ 不要在未封闭的阳台上玩耍，也不要踩踏阳台上的凳子、纸箱、花盆等不稳固的物体。

★ 站在阳台向远处眺望时，千万不要将身体过多探出护栏，也不要伸手去抓阳台外面的东西，以免身体失控摔下楼。

★ 在阳台上取晒在衣架上的衣物时，不能将身子探出护栏，应该用衣钩将衣物钩到可以拿到的地方再取回。

★ 不要在阳台上玩打闹、追逐或者吹泡泡、放风筝等。

★ 不要从阳台上往楼下扔东西，这样不仅会破坏环境卫生，还可能砸伤楼下的行人。

给家长的话

　　经常有孩子从阳台坠落或者卡在阳台防盗窗上。为了孩子的人身安全，建议家长经常检查、维修自家阳台护栏，以防其老旧松动；阳台栏杆最好不要设计成横向的，以防孩子攀爬发生危险；阳台地面不要堆放杂物或摆放可供攀爬之物，如凳子、沙发、床、矮柜等，千万不能给小孩留"垫脚石"，以免其攀爬致坠楼。如果有条件，建议将平开窗改成内倒窗，这种窗子不容易翻越，比较安全。

知道多一点

阳台种菜

　　阳台是一个自由的空间，有充足的采光和良好的通风条件，为都市家庭提供了天然的种菜园地。阳台种菜能绿化生活空间，还能让孩子增长见识。

适合种在阳台的蔬菜菜单：

★ 易于栽种类：苦瓜、胡萝卜、姜、葱、生菜、小白菜；

★ 短周期速生类：小油菜、青蒜、芽苗菜、芥菜、油麦菜；

★ 节省空间类：胡萝卜、萝卜、莴苣、葱、姜、香菜；

★ 不易生虫类：葱、韭菜、人参草、芦荟、角菜。

19. 接触猫、狗时

猫、狗等动物是人类的朋友，但它们的毛发、皮屑、唾液、粪便等很容易形成传染源，使人感染上皮肤病、过敏性疾病以及各种寄生虫病。因此我们要注意与它们保持适当的距离。

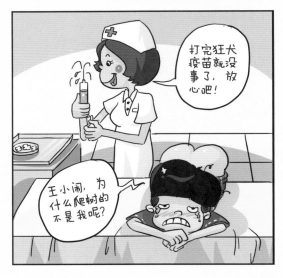

安全守则

★ 尽量不要给野生动物或流浪猫、狗喂食，以免遭到攻击。

★ 不要与猫、狗或其他宠物同睡。

★ 不要随意招惹和挑逗猫、狗，尤其是在它们情绪不好的时候，不要做出激怒它们的行为。

★ 在猫或狗哺乳、睡觉、吃东西时，要避免对它们做出抚慰、逗弄等肢体接触行为，即使这是出于善意，也会使它们感觉受到威胁，从而发起攻击。

★ 不要对着猫、狗大吼大叫吓唬它们，以免它们一反温驯的常态，扑咬到你。

★ 被狗追赶时，不要和它的目光直接接触；千万不要急于后退或转身就跑，以免狗误以为你在挑衅；你可以弯下腰假装捡石头，狗可能就不追你了。

🔳 紧急自救

一旦不幸被猫或狗咬伤、抓伤，一定要在最短的时间内用清水或肥皂水清洗伤口，把含病毒的唾液、血水冲掉；然后对咬伤部位进行挤血处理，尽量全部挤出，以防病菌感染；再用酒精或碘酒仔细擦洗伤口内外，彻底进行消毒；包扎好伤口再去医院做进一步处理。记住，一定要在24小时内注射狂犬疫苗。

🔊 特别提示

动物发情易伤人

春季是许多动物的发情期，这时候动物们往往会一反温驯的常态，脾气变得暴躁，容易攻击人。这期间，千万不要去招惹它们，以免被它们无心抓伤、咬伤。即使是自家的猫、狗，也要小心提防。

🔊 知道多一点

可怕的狂犬病

狂犬病是由狂犬病毒引发的一种急性传染病，人、兽都可以感染。狂犬病毒主要通过唾液传播，多见于狗、狼、猫等食肉动物体内。狂犬病发展速度很快。它是世界上病死率最高的疾病之一，一旦发病，死亡率几乎为100%。

可感染狂犬病的动物

敏感类——哺乳类动物最敏感。在自然界中，得过狂犬病的动物有家犬、野犬、猫、豺狼、狐狸、獾、猪、牛、羊、马、骆驼、熊、鹿、象、野兔、松鼠、鼬鼠、蝙蝠等。

不敏感类——禽类不敏感。鸡、鸭、鹅等也可以染上狂犬病，但疾病的发展速度较慢。

可抵抗类——冷血动物如鱼、蛙、龟等，可以抵抗狂犬病毒的感染。

20. 喂养乌龟或与乌龟玩耍时

比起小猫、小狗来，小乌龟不蹦跳，只会慢慢爬行，显得很乖顺。但可别被它安静的外表欺骗了，它也是有脾气的。

安全守则

★ 不要在乌龟觅食时去招惹它。

★ 不要直接用手去挑逗乌龟，可以借用树枝、小木棍等东西，以保护自己的手指不被咬伤。

★ 给乌龟喂食时，最好用镊子把食物夹住，慢慢递到乌龟鼻子前，尽量把它喂饱，这样它就不会咬人了。

- 如果被有毒的乌龟咬伤了且伤势严重，要立刻就医，尽快注射破伤风疫苗。
- 如果被无毒的乌龟咬伤且伤势不严重，一般消一下毒即可。

21. 使用杀虫剂时

　　杀虫剂是很多家庭对付蚊虫、蟑螂、蚂蚁等的利器，但如果使用不当，它在杀灭蚊虫的同时，也会伤到人。

★ 使用杀虫剂要慎重，尽量少用，可用可不用时尽量不用。

★ 使用杀虫剂前要关紧门窗，把房内所有的食品都放进柜子里，人和宠物也要离开房间，以免被喷到；喷完杀虫剂后要适时给房间通风，消除异味。

★ 使用喷雾杀虫剂时，要注意喷口的方向，不要对着人喷射。如果不慎将药液喷洒到皮肤上，要及时清洗。

★ 杀虫剂属于易燃品，应远离火源，不要放在高温暴晒的地方，要尽量放在阴凉通风处，以免发生意外。

安全守则

22. 使用蚊香时

夏天到，蚊子叫，没有蚊香怎么好？蚊香能赶跑蚊子，可是使用不当，也会伤人。

安全守则

★ 点燃的蚊香要放在固定的金属架上，不能放在容易燃烧的物体上，也不能放在窗台或不稳固的物体上，以免被风吹落或倒落在容易燃烧的物体上。

★ 点燃的蚊香要远离蚊帐、窗帘、被单、衣服等可燃物，应与家具、床铺保持一定的距离，以免引起火灾。

★ 同时使用摇头电风扇时，应防止衣物等可燃物被风吹落到蚊香上。

★ 不需要蚊香时，应该立即将它熄灭。

特别提示

蚊香不是杀蚊，而是驱蚊

很多人使用蚊香灭蚊时，认为将房门紧闭点上蚊香才能彻底杀死蚊虫，其实这样做是不科学的。燃烧蚊香释放的气体对人体健康是有害的。使用蚊香等灭蚊产品时将房门紧闭，会把有害气体长时间留在室内，从而对身体造成损害。

蚊香不是"杀"蚊，而是"驱"蚊。因此，使用时要把蚊香点燃后放在通风的地方，如房门口、窗台前，点燃后人最好离开房间。人再进入室内，一定要先打开门窗通风。

知道多一点

另类驱蚊法

● 吃大蒜：吃大蒜可有效驱蚊，因为蚊子不喜欢人体分泌出来的大蒜味道。

● 巧穿衣：如果穿黑色或褐色等深色衣服，被蚊子叮咬的概率会大些，穿白色或绿色等浅色衣服则会很少挨蚊子咬。

● 巧用清凉油、风油精：在卧室内放几盒揭开盖的清凉油或风油精，可驱除蚊虫。

● 花香驱蚊：黄昏前，在室内摆放一两盆盛开的茉莉花、米兰或玫瑰等，蚊子受不了这些花的香气，就会逃避。

● 光线驱蚊：蚊子害怕橘红色的光线，所以室内安装橘红色灯泡，能产生很好的驱蚊效果。

● 味道驱蚊：将阴干的艾叶点燃后放在室内，其烟味可驱蚊；燃烧晒干后的残茶叶，也可驱蚊。

47

23. 食物呛入气管时

我们常说学习时一心不能二用，其实这条戒律也适用于吃东西时。

闹闹，你怎么每天都这么饿？

闹闹，咱们晚上去公园玩轮滑吧！

我现在就想去玩儿，你快点儿吃，小淘。

小淘，都怪我催你，不然你就不会将米粒吸进鼻孔了。

安全守则

　　吃东西时嬉笑、哭闹或讲话，口含食物时跌倒，食物都容易呛进气管，引起呛咳或气道阻塞，甚至窒息。所以，吃东西须专心、细嚼慢咽，谨防食物呛入气管。

🏥 紧急自救

- 如果不慎将一些小异物，如米粒呛入气管，可迅速闭上嘴巴，并用力用鼻子呼气，将米粒冲出来；也可低下头用力咳嗽，让人帮忙拍击背部，异物或可随气流排出。
- 如果是瓜子、花生、苹果等较大的异物呛入气管，且出现激烈的呛咳、气喘等症状，应请人从背后抱紧你，一手握成拳头，大拇指伸直顶住你的上腹部，另一只手掌压在此拳头上，然后双臂用力作向上和向内的紧压、紧缩动作，有节奏地一紧一松，提升腹部压强，迫使异物冲出。
- 周围没有人时，可用椅背等物体顶住上腹部，通过由此产生的冲力将异物排出。
- 如果上述措施不见效，异物无法取出，就要立刻去医院接受检查。

🔊 知道多一点

细嚼慢咽的十大益处

① 为肠胃撑起保护伞。这种进食方式便于消化吸收并减轻胃肠负担。

② 有助于营养吸收。实验发现，两个人同吃一种食物，细嚼的人会比粗嚼的人多吸收13%的蛋白质、12%的脂肪、43%的纤维素。

③ 减少致癌物质的摄入。细嚼时口腔可分泌更多的唾液，而唾液能有效杀死食物中的致癌物质。

④ 有效控制体重。细嚼慢咽能延长用餐时间，刺激饱腹神经中枢，反馈给大脑"我已经饱了"的信号，让人较早出现饱腹感而停止进食。

⑤ 提高大脑思维能力。细嚼慢咽时，大脑皮层的血液循环量会增加，从而激发脑神经的活动，可有效提高脑力。

⑥ 保护牙床和牙龈。细嚼、多嚼可以锻炼下颚力量，促进牙床健康。

⑦ 清洁口腔防细菌。咀嚼时分泌的唾液含有溶菌酶和其他抗菌因子，可以有效阻止细菌停留和繁殖。

⑧ 有利于控制血糖。进餐后30分钟胰岛素分泌达到高峰，糖尿病患者如果进食过快，胰岛素会跟不上，葡萄糖迅速进入血液循环，造成血糖升高。

⑨ 减少皱纹，延缓衰老。咀嚼会锻炼嘴巴周围的肌肉群，令脸部肌肉更紧致。

⑩ 缓解紧张、焦虑情绪。吃饭时细嚼慢咽，集中注意力，可以让味蕾充分享受每一种味道，心情愉悦。

24. 异物进入眼睛时

眼睛是人体的重要器官。俗话说，"眼里不揉沙子"，异物飞入眼睛可一定要小心处理。

紧急自救

异物入眼后，切勿用手揉搓眼睛，以免擦伤角膜，甚至将异物嵌入角膜内，加重损伤，也要避免因手脏将细菌带入眼内，引起发炎。正确的处理方法是：

● 如果是普通异物入眼，可闭眼休息片刻，待眼泪大量分泌，再睁开眼睛眨动，或者轻提上眼皮，使异物随眼泪流出来。

- 如果泪水不能将异物冲出，可准备一盆清洁干净的水，轻轻闭上双眼，将面部浸入脸盆中，双眼在水中眨几下，这样会把眼内异物冲出；也可请人将眼皮撑开，用注射器吸满冷开水或生理盐水冲洗眼睛。
- 如果各种冲洗法都不能把异物冲出，可请人或自己翻开眼皮，用棉签或干净的手帕蘸水轻轻将异物擦掉。
- 如果上述方法都无效，可能是异物已经陷入了眼组织内，应立即就医。
- 如果是化学物品，如烧碱、硫酸等入眼，须在第一时间找到水源，迅速冲洗，尽量冲洗干净，然后及时就医。
- 异物取出后，可适当滴入一些眼药水或涂一点儿眼药膏，以防感染。

🔊 特别提示

生石灰入眼不可用水冲洗

生石灰进入眼睛后，绝对不可以用水冲洗，因为生石灰遇水会生成腐蚀性更强的熟石灰，同时产生大量热量，加重对眼睛的伤害。正确的处理方法是，用棉签将生石灰粉蘸出，尽量蘸干净，然后用清水冲洗眼睛，再去就医。

安全童谣

爱眼护眼歌谣

爱护眼睛要自觉，勿用脏手乱揉摸；

看书写字坐端正，眼睛离书一尺遥；

乘车走卧不看书，阳光直射不得了；

用眼时间要控制，眼保健操要做好；

饮食营养要均衡，充足睡眠不可少；

养成用眼好习惯，生活才会更美好。

25. 异物进入耳朵时

俗话说，"眼观六路，耳听八方"，耳朵似乎比眼睛还要神通广大。耳朵是人体的重要器官，保护不好就会影响听力，甚至造成耳聋。

紧急自救

一旦感觉耳内有异物，不要慌张急躁，更不能硬掏硬挖，以免损伤耳道，最好及时到医院由医生帮助处理。如果确认自己能够取出，可以根据异物的性质、大小和位置采取相应的处理办法。

- 水进入耳朵：可单脚跳动几次或把棉签轻轻探入耳中，将水分慢慢吸干。
- 豆子进入耳朵：黄豆、花生米等遇水后会膨胀，因此不可用水清洗，可先往耳道内滴入浓度为95%的酒精，使它们脱水缩小，再用镊子取出。
- 珠子、玻璃球进入耳朵：可用特制的器械取出，不能用镊子，以防将异物推向深处。
- 蚊虫进入耳朵：可向耳道内滴入几滴香油、植物油或浓度为70%的酒精，淹死或杀死蚊虫，再行取出；也可用灯光照射外耳道，或者吹入香烟的烟雾，将蚊虫引出来。
- 泥块进入耳朵：可用温开水或温生理盐水冲洗，也可用挖耳勺、小匙小心挖出。
- 扁形和棒形物进入耳朵：可用耳镊夹出。

若采用上述方法后仍不能将异物取出，应尽快就医。

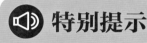 特别提示

耳朵不能随便掏

　　耳垢，俗称耳屎，其实是人耳道中的正常分泌物，具有清洁、保护和润滑耳道的作用。一般在咀嚼、跑跳时耳垢会自行脱落，平常不需要清理。如果随便掏挖，反而会使耳道内堆积霉菌；如果不知深浅，掏挖力度不当，极易刺破薄薄的外耳道皮肤和毛囊，引发中耳炎。此外，自己掏耳朵还可能将耳垢推进耳道深处，耳垢更不容易排出。

安全童谣

爱耳护耳歌谣

耳朵皮肤很娇嫩，不能随便掏与挖；

遇到突发巨声响，捂住耳朵张大嘴；

洗澡游泳要特护，防止流水入耳朵；

远离噪音和大声，以免耳膜受损伤；

切忌滥用青霉素，中毒耳聋难康复；

用耳不当耳失聪，爱耳护耳要记牢。

26. 鼻子出血时

鼻子是负责人体嗅觉和呼吸的重要器官。保护鼻子事关生命质量，马虎不得。

📷 紧急自救

- 鼻子出血时，不要紧张。精神紧张会促使肾上腺素分泌过多，使血压升高，进一步加剧出血。

- 流鼻血时可尝试自行止血。全身放松，头部前倾，使已经流出的血液向鼻孔外流出，然后把鼻子轻轻捏紧，压迫止血，几分钟后，一般性的流血就会暂时止住。

● 鼻子出血时也可用毛巾包裹冰块，轻轻敷在鼻子上几分钟，使鼻部血管收缩以止血。

● 当鼻子暂时止血后，要及时往鼻孔里塞入纱布、卫生棉球等，并用食指和拇指按压鼻翼上方几分钟，直至彻底止血。

● 如果血流不止，自行处理无效，就要立刻就医。

● 鼻血止住后，切记不要挖鼻孔，以防脆弱的鼻腔血管再次破裂。

📢 特别提示

止鼻血时头不宜后仰

很多人流鼻血时都将头向后仰，鼻孔朝上，认为这样做可有效止血，其实这种做法是错误的。这样做只是看不见血向外流，实际上血是在继续向内流。如果头向后仰，血液可能沿咽后壁流入咽喉部，咽喉部的血液会被吞咽入食道及胃肠，刺激胃肠黏膜，产生不适感或发生呕吐；出血量大时，血液还容易被吸入气管及肺部，堵住呼吸气流，造成危险。

📢 知道多一点

如何正确擤鼻涕

很多人擤鼻涕的时候耳朵会嗡嗡响，有时甚至会感觉疼痛，这都是擤鼻涕的方法不当引起的不良后果。

擤鼻涕时最好不要直接用手，而是用柔软的纸巾或手帕置于鼻翼上，先用手压住一侧鼻孔，稍用力向外呼气，对侧鼻孔的鼻涕即可擤出。一侧擤出再擤另一侧。不要同时擤两侧，那样容易增加鼻腔气压，加重鼻子的负担；也不要过于用力，以免将鼻涕挤入鼻窦引发鼻窦炎，或将鼻涕挤入咽鼓管引发中耳炎。

27. 异物扎进身体时

　　生活中有很多危险的"刺"客。如果不小心，鱼刺、木刺、凉席刺等可能会刺伤我们的皮肤，铁丝、剪刀、碎玻璃、铅笔等可能会扎进我们的身体。我们一定要保护好自己，谨防被刺。

紧急自救

皮肤扎到刺时

● 如果是肉眼看得见的小刺，可以请人协助用消毒后的镊子取出，或者用消毒过的针挑出。

● 如果是扎得很深的木刺或竹刺，可在拔刺前在扎刺四周的皮肤上涂抹一层万花油、风油精或植物油，使之渗入皮肤，令刺软化，然后再用消毒过的镊子或者针把刺取出。

- 如果扎的是铁刺，可用消毒过的针挑开被刺部位的皮肤，然后用一块干净的磁铁将铁刺吸出。
- 如果扎的是仙人掌或玫瑰等植物的软刺，可将医用橡皮膏贴在创口处，然后将其撕下，也许刺会被带出来。
- 如果上述方法都不奏效，就要去就医。

较硬的异物扎进身体时

如果不慎被铁丝、钢筋、剪刀、玻璃片、笔、木棍、树枝等较硬的异物扎入身体，要及时就医。就医前不要拔出受伤处的异物，尽量保持异物原位不动。必要时，可在伤口两侧垫上干净的纱布或布垫、棉垫等，然后用绷带包扎固定。

🔊 知道多一点

金属异物在体内未取出的七大危害

体内残留金属异物不是小问题，我们一定要予以重视。体内残留金属异物可引起人体诸多反应，具体危害有：

① 危及生命。心脏外伤后残留金属异物，不仅可引起致命性大出血或心脏压塞，而且异物位置易于变动，会产生不可预料的后果。

② 感染。有菌的金属可将细菌带入体内，由于金属异物周围组织失活，抵抗力降低，加以坏死组织的液化，为细菌提供了良好的生存环境，细菌因而存活、繁殖，进一步引起感染。

③ 功能障碍。颅脑、脊髓里的金属异物可以压迫不同功能区域而引起相应的功能降低或丧失，关节内的异物可以使受累关节的功能发生障碍。

④ 过敏、排斥反应。骨科无菌手术内植物植入人体后可以引起红、肿、痒等轻重不一的不适反应。

⑤ 金属中毒。镍钛合金是骨科早期较常见的内植物，植入人体后，鼻咽黏膜、肾脏、肝脏、脾脏和总体的镍含量变化均表现出随时间延长而升高的特点。镍与鼻咽癌的关系已为许多研究证实，种植于硬膜下的铜、铅，特别是铜，可造成脊髓背角轴突和髓鞘的破坏。

⑥ 移动、栓塞。金属异物进入大血管、空腔器官如气管、食管、尿道，可以随着管道游走，最后栓塞相应的器官，导致呼吸困难、咯血、尿血、尿潴留等症状。

⑦ 心理障碍。金属异物滞留在体内会造成患者不同程度的精神压力，尤其在天气变化时，患者会感觉到不同程度的酸痛。

28. 被烫伤时

　　生活中被烫伤的事件屡见不鲜。被烫伤后人不仅很痛苦，有时身体还会留下疤痕，那可就不好看了。所以一定要时时提防，小心被烫。

安全守则

★ 在用暖瓶和水壶盛水、倒水或盛取汤锅里的热汤时，要当心被热的汤水或水蒸气烫伤。

★ 在冬季生煤炉取暖时，要远离火源，小心被烫伤。

★ 要远离热的电熨斗，更不要触碰热熨斗的金属面，以免被烫伤。

★ 使用暖气取暖时，要远离烧得很热的暖气片，以免被烫伤。

★ 在洗澡时，一定要试好水温再入水或冲洗，以防水温过高被烫伤。

★ 在使用暖水袋时，一定要把盖子拧紧，防止水流出来被烫伤；同时水温不要太热，接触时间不要太长，以免被低温烫伤。

★ 放鞭炮时，要远离鞭炮，小心被火烫伤。

★ 夏天不要跟在摩托车排气管后面，以免被热气灼伤或者被排气管烫伤。

★ 要远离硫酸、盐酸、生石灰等，避免化学烧伤。

🚑 紧急自救

● 皮肤烫伤后，不要惊慌，也不要急于脱掉贴身的衣服。应立即用干净的冷水冲洗，或者冷敷，冷却后再小心脱去衣服，以免撕破烫伤后形成的水泡。

● 如果烫伤表面起了水泡，一般不要把它弄破，以免感染留下疤痕；但如果水泡较大，或处在关节等容易破损的地方，可用消毒针把它扎破，再用消毒棉签擦干水泡周围流出的液体。

● 对烫伤皮肤进行冷却处理后，要把创面擦干，然后视烫伤程度，涂抹一些专用烫伤药膏并用干净的纱布包扎，保护好不要碰水。

● 出现大面积或严重烫伤，须立即就医。

🔊 知道多一点

低温也会烫伤人

　　不是只有开水才会烫伤人，皮肤比我们想象的要娇贵，接触70℃的温度持续一分钟，可能就会被烫伤；接触近60℃的温度持续5分钟以上，也有可能造成烫伤。这种低于烧伤温度的刺激导致的烫伤，都属于"低温烫伤"。由于短时间内皮肤无法快速做出反应，所以很多人不知不觉就被烫伤了。

　　为防止低温烫伤，用热水袋取暖时，水温不要太热，装七成左右的水即可；使用时间也不要太长，最好不要抱着热水袋睡觉。

1. 在教室时

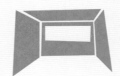

教室是同学们停留时间最长的校园场所，因为学生集中，存在的各类安全隐患也特别多。

安全守则

★ 不要乱动教室里的电器，使用电器或者打扫教室卫生时要远离电源，以防触电。

★ 不要在教室中追逐、打闹、做运动和游戏，以防磕碰受伤。

★ 不要玩耍粉笔、黑板擦等教学用品。

★ 不要拿教室里的劳动工具打闹，不要在教室里玩弹弓、玩具刀枪等危险的玩具，以防伤及自己或他人。

★ 教室地板比较光滑时，要注意防止滑倒受伤。

★ 需要登高打扫卫生、取放物品时，要请他人加以保护，以防摔伤。

★ 不要将身体探出阳台或者窗外，更不要攀爬护栏，以防不慎坠楼。

★ 要小心开关教室的门和窗户，以免夹手。

★ 不要带打火机、火柴、烟花爆竹等危险物品进入教室，杜绝玩火、燃放烟花爆竹等行为。

★ 要小心使用改锥、刀和剪刀等锋利、尖锐的工具，以及图钉、大头针等文具，用后应妥善存放，不能随意放在桌椅上，以防伤及自己或他人。

🔊 特别提示

小心开关教室门

　　教室门是同学们进出教室的必经通道，门小人多，意外时有发生，开关门时一定要多加留意：

● 开门时要站在门的一侧，以免与正进门的同学相撞。

● 关门时应注意门后是否有人，以免有人被误伤。

● 推门时动作要轻，以免碰到门后的同学。

● 座位靠近门口的同学，在座位上遇到有人开、关门时，要及时收回手脚，以免被夹伤。

🔊 知道多一点

布置教室应注重"五美"

① 空间美：教室内所有物品的放置应给人以对称、有序的美感。

② 书画美：教室墙壁上装饰恰当的书画作品和名人画像，能使学生得到美的熏陶。

③ 整洁美：教室应窗明几净，陈设布置要井然有序，蛛网等杂物应及时清除。

④ 语言美：教室里的警句、格言等应富有哲理，朗朗上口，易被学生理解，忌用"不准""罚"等令学生反感的字眼。

⑤ 色彩美：教室内的整体色彩应尽量统一，注重柔和、协调。

2. 课间活动时

下课啦，快快活动活动，放松一下吧，同时别忘注意安全哟！

安全守则

★ 课间活动时应当尽量到室外呼吸新鲜空气，舒展一下筋骨，但不要远离教室，以免耽误上课。

★ 课间很多人都出教室活动，门口一般会很拥挤，要小心避让。

★ 活动的强度要适当，不要做剧烈运动，以保证有精力上下一节课。

★ 要及时上厕所，为集中精力听好下一节课做好准备。

★ 不要在走廊内或人多的地方追跑打斗或打球、踢球，不做危险的游戏。

★ 上下楼梯时不要奔跑，以免踩空，也不要追逐打闹。

★ 上下楼梯人多时尽量不要弯腰拾东西、系鞋带。

★ 上下楼梯时要和别人保持距离，避免冲撞，防止踩踏。

安全童谣

课间安全歌谣

下课铃声响，依次出课堂；

走廊慢慢走，有序不争抢；

楼梯靠右行，不闹不推搡；

运动要适量，上课精力旺。

知道多一点

踢毽子——有益身心的课间活动

踢毽子是一项全身运动，通过抬腿、跳跃、屈体、转身等，使脚、腿、腰、颈、眼等身体各部分得到锻炼，尤其是它的动作可以让人体的关节得到横向摆动，带动了身体最为迟钝的部位，从而大大提高了各个关节的柔韧度和身体的灵活性。踢毽子要求技术动作准确，使毽子在空中飞舞，不能落地，每种动作需在瞬间完成，这样就会使人的大脑高度集中，从而排除杂念，使习毽者感到身心舒畅，活力无限。

踢毽子具有一定的娱乐性和艺术性。最具亲和力的是"走毽"，即大家围拢在一起，你一脚我一脚，小小的毽子在人群中上下飞舞，不但可以强身，还可以增进友谊。

3. 擦黑板时

课天天上，黑板就要天天擦。别看这事儿不大，讲究可不少呢。

安全守则

粉笔末是一种对人体有害的物质，擦黑板时要注意防止粉尘进入眼睛或被吸入肺中。

★ 擦黑板时最好用手帕捂住口鼻，不要边擦边说笑，以防将粉尘吸入口鼻。

★ 不要拖拖拉拉，要抓紧时间把黑板擦完，以免长时间处于粉尘环境中。

★ 擦黑板前可以将黑板擦用水稍微浸湿一下，这样可减少粉尘。

★ 站在凳子上擦黑板时，要请其他同学帮忙扶稳凳子，以免摔倒。

4. 擦玻璃时

门窗上的玻璃是房子的"眼睛"，蒙上灰尘就看不清了，还会遮挡光线。擦玻璃是个危险活儿，需要注意什么呢？

安全守则

★ 擦玻璃时不要站在叠摞起来的桌椅上面，以防摔倒。

★ 擦高处的玻璃时不要爬上窗台踮着脚去擦，以免发生危险。

★ 需要站到凳子上时，要请同学协助扶稳凳子，以防摔倒。

★ 擦高楼玻璃时不要把身子探出窗外。

★ 对于高处或室外的玻璃，切不可为了干净强行去擦。最好使用专业的擦玻璃工具，既省力又安全。

5.使用文具时

文具是我们学习的好伙伴，但有时也会成为隐形杀手。

安全守则

★ 要小心使用圆规、小刀等尖锐锋利的文具并妥善放置，以免伤人伤己。

★ 最好不要购买散发香味的荧光笔、水彩笔和橡皮等，这些文具中所含的化学物质对人体有害。

★ 不要含铅笔入口，不要啃咬铅笔，使用完铅笔、蜡笔要洗手，以防铅中毒。

★ 不要掰尺子玩，尺子折断时易伤到人。

★ 不要和同学互相挤射涂改液，以免入眼；也不要把涂改液或修正带滴或缠在皮肤上，以免引起过敏反应。

📢 特别提示

香味文具须慎用

　　建议同学们最好不要购买、使用香味浓烈的文具，特别是那些无厂家标识的文具，其散发的刺鼻香味大都是用工业原料调制出来的。散发香味的文具大都含有甲醛等化学物质，虽说含量不是很高，但是长期接触，会对人的神经系统和血液系统造成伤害。

使用剪刀要小心

- 千万不要使用锋利尖头的剪刀，应该用钝口圆头的儿童专用剪刀，以免剪伤或戳伤自己。
- 使用剪刀时一定要集中注意力，眼睛看着剪刀，不能一边说笑，一边剪东西，以防戳伤手和眼睛。
- 手里拿着剪刀时千万不要乱晃乱动，以免碰伤其他人；也不要拿着剪刀四处奔跑，如果不慎跌倒，它很可能会伤害到你。
- 剪刀在不使用时，一定要放在安全的地方。如果放在插袋里，剪刀头应朝里，以免伤人。

📢 知道多一点

谨防铅中毒

　　铅是一种广泛分布在我们周围的重金属，经常接触铅，会出现一系列的慢性中毒症状，如头痛、头晕、贫血等。印刷品，尤其是彩色印刷品，是重要的铅污染源，所以不要用报纸之类的纸张包东西吃，翻书以后要洗手。油漆也是一种铅含量很高的物品，要小心身边五颜六色的油漆制品，如铅笔和彩色积木，一定不要啃咬铅笔。有些食品的含铅量也很高，如松花蛋、爆米花等，平时要少吃或不吃。另外，汽车排放的尾气中也有大量的铅。

6. 上体育课时

　　体育课是锻炼身体、增强体质的重要课程，训练内容是多种多样的，因此安全注意事项也因训练的内容及使用的器械不同而变得复杂。

安全守则

★ 上课前要做一些热身运动，以防运动时关节、肌肉及韧带扭伤或拉伤。

★ 上体育课要穿运动服和运动鞋，不要穿塑料底的鞋或皮鞋，课前要检查鞋带是否系紧了。

★ 上衣、裤子口袋里不要装钥匙、小刀等坚硬、尖锐锋利的物品。

★ 不要佩戴胸针、耳环、发卡，以及各种金属或玻璃装饰物。

★ 患有近视的同学，尽量不要戴眼镜上体育课。如果必须戴，做动作时一定要小心谨慎；做垫上运动时，必须摘下眼镜。

★ 学习新动作时，要认真听老师讲解动作要领，以免因动作不规范而受伤。

★ 剧烈运动后要做相应的放松运动，以免肌肉一直处于紧张状态而出现不适。

★ 要留心并小心使用体育场上的各种器械，不要使用已经损坏的器械。

★ 不要随意表演高难度动作，以免发生危险。

★ 患有疾病或者身体不适的同学不可进行剧烈的体育运动，处于生理期的女同学要避免大幅度或者震动大的跑跳运动，也不要进行增加腹压的力量训练。

★ 出现突发性疾病或意外时，要立刻向老师报告。

🔊 特别提示

各运动项目安全防护

● 短跑：要在自己的跑道上跑，不能串跑道。特别是快到终点冲刺时，更要遵守规则，因为这时人身体产生的冲力很大，精力又集中在竞技上，思想上毫无戒备，一旦相互绊倒，就可能伤得很重。

● 跳远：必须严格按老师的指导助跑、起跳。起跳前，前脚要踏中起跳板；起跳后，双脚要落入沙坑之中。

● 投掷训练：如投掷铅球、铁饼、标枪等，一定要按老师的口令行动。这些体育器材有的坚硬沉重，有的前端有锋利的金属头，如果擅自使用，就有可能伤及他人或者自己，甚至危及生命。

● 单、双杠和跳高训练：器材下面必须准备好厚度符合要求的垫子，如果直接跳到坚硬的地面上，会伤及腿部关节和后脑。做单、双杠运动时，要采取各种有效的方法，使双手提杠时不打滑，以免从杠上摔下来，使身体受伤。

● 跳马、跳箱等跨越训练：器材前方要有跳板，器材后方要有保护垫，同时要有老师和同学在器材旁站立保护。

7. 参加运动会时

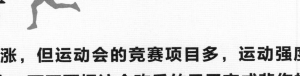

同学们参加运动会时都会热情高涨，但运动会的竞赛项目多，运动强度大，参加人数多，一不留神就可能受伤。可不要把这个欢乐的日子变成悲伤的日子哟！

安全守则

★ 要遵守赛场纪律，服从调度指挥。

★ 没有比赛项目时不要在赛场中穿行、玩耍，要在指定的地点观看比赛，以免被投掷的铅球、标枪等击伤，也要避免与参加比赛的同学相撞。

★ 参加比赛前要做好准备活动，以使身体适应比赛。

★ 在等待比赛的时间里，要注意身体保暖，适当添加外衣。

★ 临赛前不可吃得过饱或者过多饮水，可以吃些巧克力，以增加热量。

★ 比赛结束后，不要立即停下来休息，要坚持做好放松运动，例如慢跑等，使心跳逐渐恢复正常。

★ 剧烈运动后，不要马上大量饮水、吃冷饮，也不要立即洗冷水澡。

8. 上美术课时

美术作品让人赏心悦目，不过美术课上也存在着很多安全隐患。

★ 不要把彩泥放入口中或用沾染彩泥的手指去揉搓眼睛，以防中毒或伤害眼睛。

★ 不要把颜料涂抹到自己的皮肤上，也不要让颜料进入眼睛，因为颜料中的化学成分对人体有害。

★ 要谨慎使用并妥善放置剪刀、裁纸刀、泥塑刀等尖锐锋利的工具，不用的时候不要把它们拿出来随便挥舞和玩耍，以免伤己伤人。

★ 一旦出现颜料入眼或者被划伤等意外，要立刻报告老师，及时处理并就医。

9. 上实验课时

实验课，也是动手课。不过你的手可不能乱动哟，否则会制造一大堆的麻烦。

安全守则

★ 要听从老师的安排，严格按照程序做实验。

★ 不要乱动实验室里摆放的物品，更不要私自把它们带出实验室。

★ 不要随意触摸和打开各种试剂，不要随意混合和泼洒它们，也不要用舌头舔尝，以防中毒。

★ 使用酒精灯时，务必用灯盖灭火，禁止对接点火。

★ 做生物实验，如制作标本、解剖动物时，应注意不要被刀、剪刀等锐利的工具割破或刺伤手指。

★ 实验中的玻璃切片、标本等要用镊子拿放。

★ 做完实验要随手关闭电源、水源、气源，妥善处理残存的实验物品，及时清理易燃的纸屑等杂物，消除各种隐患，并洗净双手。

紧急自救

● 如果化学试剂不慎入眼，应立即用清水冲洗眼睛。

● 如果化学试剂溅到皮肤上，可先用毛巾擦拭，再用清水进行冲洗。

● 如果是强腐蚀性溶剂不慎入眼或溅到皮肤上，应告知老师做紧急处理。

知道多一点

消毒剂碘伏

碘伏是一种医用消毒剂，被广泛用于注射前皮肤消毒、手术前消毒、术后伤口消毒，以及医疗器械的消毒等。烧伤、冻伤、刀伤、擦伤、挫伤等一般外伤，用碘伏消毒效果很好。

与酒精相比，碘伏引起的刺激性疼痛较轻微，易于被病人接受，而且碘伏用途广泛、效果确切，基本上可替代酒精、红汞、碘酒、紫药水等皮肤黏膜消毒剂。此外，低浓度碘伏是淡棕色溶液，不易污染衣物。

因为有以上种种优点，碘伏也逐步成为人们居家必备的药物。

73

10. 上音乐课时

    爱听歌、爱唱歌的你一定喜欢上音乐课，也许你就是未来的歌星呢，那就先把音乐课上好吧！可上音乐课也是有规矩的。

安全守则

★ 要在老师的指导下正确使用嗓子，不要乱喊乱叫，以免损伤声带。

★ 正处于变声期的同学，要避免发高音，否则不利于变音，还会损伤嗓子。

★ 不要乱动音乐教室里的乐器，以防损坏乐器或者伤到自己。

★ 上完音乐课，如果嗓子不舒服，应多喝些白开水，或者含些润喉糖。

11. 吃东西时

俗话说，病从口入。在家里，有爸爸、妈妈守护你的饮食安全；出了家门，你可要自己当心啦。

★ 不要吃校园周边无证小摊贩出售的食品，因为这些食品没有安全保证。

★ 不要吃校园内商店和小卖店等出售的过期和三无包装食品。

★ 不要因为不喜欢学校的饭菜而到校外的餐馆就餐，这些地方卫生没有保证，且人员复杂，很不安全。

★ 在校园里还要预防集体食物中毒，如果发现学校的食物味道可疑，身边的同学进食后出现异常反应，应立即停止用餐并报告老师。

12. 身体不舒服时

人体就像一台机器，总有闹毛病的时候。闹毛病不可怕，怕的是毛病来了不知所措。感觉难受了，该怎么办呢？

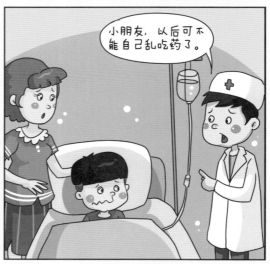

☂ 安全守则

★ 身体不舒服，要及时告诉老师或同学。病情轻微的，可以去学校医务室查明原因并治疗。

★ 病情严重时要通知家里人，去医院做全面的检查和治疗。

★ 不要因为怕落下功课或者不好意思而隐瞒病情或强忍不舒服。

★ 千万不要自己随意乱吃药。

13. 冬季取暖时

冬季很冷，你所在的地方是靠暖气取暖，还是靠生煤炉取暖呢？无论采用哪种方式取暖，都有一定的风险，安全防范很重要。

安全守则

用暖气取暖时

★ 不要随意开关暖气阀门调节温度。

★ 不要触碰暖气片末端的跑风（暖气片上的配件，放气时使用），平时移动桌子时也要小心，以免跑风松动或折断造成水气喷漏。

★ 不要在暖气片上放置物品，否则不仅影响散热效果，也容易造成危险。

生煤炉取暖时

★ 一定不要靠近煤炉烤火取暖，这样容易使衣服被引燃而烧伤。

★ 不要玩弄火筷、火炭。

★ 不要把鞭炮、废纸、塑料袋等扔到火炉中。

⊡ 紧急自救

　　用煤炉取暖时，一旦身上起火，首先要用身边的衣物、笤帚等扑灭身上的火焰，就地打滚。不要乱跑乱叫，同时要尽快脱掉衣服，然后用自来水冲洗或用冰块冷敷烧伤的创面，再用清洁的衣服、被褥包裹身体，及时就医。

♥♥ 给 家 长 的 话

　　进入冬季，很多居所都会打开空调。为了取暖，有的人喜欢将空调温度调得很高。其实，这会导致室内外温差大，忽冷忽热的环境使我们自身对于温度的调节作用失控，容易诱发感冒。专家建议，冬天在用空调调节室温时，室内外温度差控制在5℃~10℃为宜。

　　空调房内的湿度过低也会诱发疾病，应该在室内增放加湿器、绿植或者摆放水盆来提高湿度，每隔四五个小时最好能开窗通风几分钟，让室内补充新鲜空气。

　　天气变冷，很多家庭都用上了暖气，但由于家里暖气过热，孩子和老人习惯性地脱掉衣服，在走出温暖的房屋时，不小心被外面的冷空气冻伤，就会感冒。希望家长在开暖气时，适当调节一下温度，不要过高，这样不利于孩子和老人的健康。另外在内外温差较大时进出房间，要注意及时按需减添衣物，避免因温差过大而感冒。

14. 同学得了传染病时

传染病像一阵风，一旦来了，会席卷一群人。但是不要怕，我们有"防风"措施！

安全守则

★ 不要歧视患传染病的同学，但病发期间要避免与其接触，以免被传染；接触时要戴上口罩，与其保持距离。

★ 要避免接触传染病患者的唾液、呕吐物、粪便、血液及伤口的分泌物，避免触碰患者使用过的学习物品和生活用品，以防交叉感染。

★ 要听从老师和家长的安排，做好消毒隔离工作，必要时应服用、注射预防传染的药物。

15. 和同学发生纠纷时

学校是同学们集体生活的场所，同学之间发生纠纷和冲突在所难免。对于纠纷，重要的是正确面对和处理，千万不要让小纠纷酿成大问题。

安全守则

★ 在校应该团结同学，不要为了小事情互相争吵或拉帮结派；一旦发生矛盾，一定要冷静，做错事要勇于道歉，对别人的错误要学会宽容、谅解。

★ 如果发生矛盾而自己无法解决，应向老师求助。

★ 不要给同学起绰号，不打人，不骂人，不欺负弱小。

★ 发现同学斗殴，不要围观，要远离，以免被误伤，更不能参与打架，应及时报告老师。

16. 交朋友时

　　好的朋友可以成就你的一生，坏的朋友则可能毁掉你的前程。交朋友一定要谨慎。

安全守则

★ 不要结交校内外的不良朋友，以免沾染不良习气。

★ 一旦交上了不良朋友，应该警觉，及时停止交往。

★ 在校受了欺负要及时报告老师，不要请朋友帮忙出气。

★ 一旦遇到朋友做坏事，要制止，劝阻不了要及时报告老师。

★ 在上学和放学的路上，不要随便与陌生人交谈，不能告诉陌生人自己的家庭住址、电话号码等重要信息。

★ 不要随便接受陌生人的礼物，或者搭乘陌生人的车子回家。

17. 和异性交往时

自然界中有红花也有绿叶，人群中有男性也有女性。和不同性别的人打交道，需要注意什么呢？

安全守则

★ 校园交往方式以集体交往为好，交往程度宜浅不宜深。

★ 要把握和异性交往的尺度，交往要自然大方，不要过分害羞或忸怩，也不要过于开放。

★ 一旦对异性产生好感，可以在生活中和学习上互相帮助，不宜有过分亲密的行为或语言表达。

★ 要正确区分友谊和爱情，不要早恋。

特别提示

正确处理早恋

随着身体的发育和社会的影响，少男少女在进入青春期后会产生朦胧的爱情意识，在这个时期接触到比较喜欢的异性，就有可能发生早恋。早恋的危害很大，处理不好，不仅影响学习和生活，身心还容易受到伤害，出现性过失，甚至酿成更大的苦果。

人生每个阶段都有各自的使命。儿童阶段应以学习文化知识为主，千万不可操之过急、揠苗助长，让情感的航船过早靠岸。

知道多一点

青春期变化

青春期是介于儿童期和成人期之间的过渡期。在儿童期，男孩和女孩的生长发育没有多大的区别。但进入青春期后，男孩和女孩的身体就会发生微妙的变化。

青春期的变化主要表现在身体迅速生长、身体各部分的比例产生显著变化、心理出现反抗倾向等方面，其中最为明显的变化就是第二性征的出现。第二性征是人和其他一些高等脊椎动物在性成熟后出现的、除了生殖器官以外的一些能表明性别的特征，比如声音、身体曲线等。第二性征的差异在青春期过后尤为明显。男孩第二性征的发育表现为长出胡须、腋毛、阴毛等体毛，变声，出现喉结，睾丸和阴茎变大，分泌精液以至出现遗精。女孩的第二性征则表现为乳房发育，出现阴毛、腋毛等。

18. 遭遇性骚扰时

　　身体是自己的，任何人不得随意触碰，尤其是隐私部位。要提高自我保护意识，以免受到性骚扰和性侵害，尤其女同学更要注意。

🌂 安全守则

★ 要注意自己的着装，不宜穿得过紧、过露，不要向别人暴露自己的隐私部位。

★ 不要让任何人触摸自己的隐私部位，如女生的胸部、男女生的性器官等。

★ 碰到坏人侵犯你的身体时，不要害怕，一定要高声呼救、反抗，并找机会逃脱。

★ 如果无法摆脱坏人，可以击打对方的眼睛和下身，用口咬、用手抓对方的脸部，用鞋跟猛踩其脚背，或用书包、雨伞、钥匙等随身携带的物品自卫。

★ 一旦被侮辱，要尽力保存证据，记清对方的外貌特征，留取对方留在自己身体和衣物上的证据，及时报警或告诉家长，以防自己再次受害或他人受害。

🔊 特别提示

这些行为属于性骚扰

● 身体的接触：不必要的接触或抚摸他人的身体，故意触碰，强行搭肩膀或手臂，故意紧贴他人等。

● 言语的冒犯：故意谈论有关性的话题，把别人的衣着、外表和身材等与性联系起来讨论，故意讲色情笑话、故事等。

● 非言语的行为：故意吹口哨或发出亲吻的声音，身体或手的动作具有性暗示，用暧昧的眼光打量他人，展示与性有关的物件，如色情书刊、海报等。

💗 给家长的话

　　多数儿童的性保护知识匮乏，不懂什么是隐私部位，所以遇到性侵犯时不能正确判断，无法自我保护。家长大多谈性色变，不知如何科学、正确地配合老师开展家庭性教育。希望家长能正确认识、正确看待不同年龄段孩子的性教育，要适度地向孩子普及性知识，引导孩子树立正确、健康的性观念。

　　在这里尤其要提醒家长：虽然儿童性骚扰是一个较为隐蔽的社会问题，但是随着社会的日益开放，这个问题应该受到重视。某心理工作室曾对150名女青年心理求询者的早年经历做过调查，发现其中近三分之一的人在童年至青春期早期曾受到不同形式和程度的性骚扰，这个比例出人意料也令人担忧，因此家长们要高度重视这个问题，要善于做孩子们的知心朋友，教育孩子加强防范，遇到问题要及时告诉家长，以便及时解决，不留后患。

19. 遭遇校园暴力时

如果校园里出现了违法乱纪、称王称霸的不良分子，他们使用暴力欺压同学，会使我们的身心受到伤害。遇到校园暴力时，你知道该怎么应对吗？

（安全守则图标）

安全守则

★ 面对校园不良分子的辱骂、威胁或挑衅时，千万别逞能，要学会随机应变，冷静地想办法脱身，然后告诉家长或老师。

★ 被校园不良分子敲诈勒索或者伤害后，不要默默忍受，要及时告诉家长或老师。

★ 如果力量单薄，要尽量避免与对方发生正面冲突。可先稳住对方或满足对方的部分要求，以免受到严重伤害，事后要及时向老师和家长报告。

★ 千万不要和对方"私了"，不要私下一个人和不良分子见面，以免受到长期纠缠或被伤害。

★ 在上学和放学时，最好和同学结伴而行，这样遇到危险时可以互相帮助。

🔊 特别提示 ·

向一切暴力说"不"

校园中有些老师也会对学生做出体罚等暴力行为。如果有老师向你施暴，不要因为他是老师而感到害怕，一定要及时告知学校或家长。

🔊 知道多一点 ·

校园暴力产生的原因

● 个人原因。有些学生有冲动型人格障碍或以自我为中心，不善于处理人际关系，缺乏自控力，很容易产生暴力倾向。有些学生学业失败，嫉妒比自己强的学生，遇到问题就用暴力来解决。

● 家庭原因。家庭关系不和谐，家长本身就有暴力行为，会给孩子树立反面榜样。

● 学校原因。学校无法照顾学生的个别差异，不当的体罚，个别老师对后进生的歧视等，可能让学生的自尊心受到打击，从而产生过激行为。

● 社会原因。流氓团伙的教唆、胁迫、利诱，大众传媒中某些不良诱导，违法经营的娱乐场所产生的负面影响等，都可能诱发学生的暴力倾向。

1. 玩游乐项目时

游乐园是尽情玩耍的地方，这里有各种新鲜有趣又刺激的娱乐项目。它们能给你带来欢乐，也能在你不留意时对你造成伤害。

在公园（动物园）里

  **安全守则**

★ 要严格遵守游玩规则，使用各种游乐设备时都要按规定配用安全装置和用具，如安全带、安全压杠、安全门等，一定不要使用缺少安全装置的游乐设备。

★ 游乐设备如果是湿的，最好不要玩儿，因为潮湿的表面会让这些设备非常滑，容易发生危险。

★ 不要携带棍棒等危险物品，不要穿带细绳的衣服，不要戴带细绳的帽子；棍棒易伤人伤己，细绳、背包带、项链易挂在器械上，让人伤残甚至危及生命。

★ 在游乐设备运行过程中，头、手等身体部位不要探伸到设备外，也不要抛丢物品，以免伤人伤己。

★ 在游乐设备运行过程中，千万不要解除安全防护装置或跳离设备，一定要等游乐项目结束、设备停稳后，再解除防护，离开设备。

★ 在游乐设备上，不要打闹，不要做一些危险动作。

★ 不要在游乐设备的缝隙里塞纸屑、包装纸等废弃物，以免引起火灾。

★ 万一游乐设备里发生了火灾，可用手头的衣物或者手帕、餐巾纸捂住口鼻，并拍打舱门呼救，等待救援。

★ 如果游乐设备在运行中突然停机，不要惊慌，可在原位置等待救援。

★ 乘用水上游乐设备时，不要离开设备下水嬉闹。

★ 在玩"卡宾枪""加农炮"项目时，不可将身体靠近"枪炮"口处，以免发生意外。

★ 要远离正在工作的游乐设备。

★ 患病或身体不适时，不要勉强参加游乐活动。

★ 不要参加过于刺激、惊险的游乐活动，如大型过山车、蹦极等。

★ 要服从工作人员的管理，共同维护好公共秩序。

🔊 特别提示

仔细阅读《乘客须知》

　　一般情况下，游乐园里每个游乐项目的入口处，都在显著位置挂有提示牌，上面写明了有关该游乐项目的玩法、注意事项，以及对参加游乐项目人员的年龄限制、身体条件限制等。在游乐活动开始前，应仔细阅读《乘客须知》，根据自己的实际情况选择游乐项目。如果自己在被限制之列，千万别逞能，要主动放弃，以免发生意外。

2. 观赏动物时

逛动物园可以让你大饱眼福，观赏到各种各样的动物；但与它们亲密接触可是潜藏着危险的，要知道，兔子急了也会咬人呢。

安全守则

★ 要遵守公园和动物园的各项规定，尤其要注意园内警示牌的提示。

★ 不要随意往动物身上丢扔石头、碎玻璃片等杂物，以免伤害或刺激到动物，逼它们因自卫而伤人；不要擅自向动物投喂食物，以防动物吃坏肚子而生病。

★ 不要将手伸入笼舍或者翻越护栏接触、挑逗动物，以免被动物咬伤。

★ 观看狮子、老虎等猛兽时，要保持一定的距离，不要翻越护栏，以防被咬伤。

★ 一旦被动物咬伤，应该及时就医，注射狂犬疫苗。

★ 发生其他危险时，不要惊慌，要听从工作人员的指挥。

3. 划船或乘船时

　　"让我们荡起双桨，小船儿推开波浪。水面倒映着美丽的白塔，四周环绕着绿树红墙……"荡着小舟赏着风景，真惬意啊！但划船要注意安全，掉进水里可不是闹着玩儿的！

★ 千万不要和小伙伴私自跑去划船，即使有大人陪伴，也要格外小心。

★ 划船或乘船时一定要穿好救生衣，万一掉到水里，救生衣可以使你漂浮在水面上，等救生员来营救；没有配备救生衣的游船一定不要乘坐。

★ 应尽量坐在船的中心部位，不要在船舷边洗手、洗脚、撩水，也不要和小伙伴嬉戏打闹或来回走动；不坐超载船只，以免船被掀翻或下沉。

★ 不要与别人争抢划船桨，也不要太靠近其他船只，以防船只相撞。

4. 过桥时

　　同学们都知道如何安全过马路，但未必知道如何安全过桥。过桥也是有门道的。

安全守则

★ 最好不要独自通过没有护栏的桥。

★ 过桥时要注意看路，不要东张西望，也不要在桥上打闹或故意摇晃，以免发生意外。

★ 很多拱形桥上有石阶，要一步一个台阶，不要大踏步，以免踩空，也不要打闹、跑动，以免扭伤或跌倒。

★ 不要学"蜘蛛侠"攀爬大桥，以免失足跌落。

★ 有些景区有铁索桥，这种桥很危险，最好不要走。

5. 荡秋千时

秋千是游乐场中很容易伤人的一种游乐设备，荡秋千时一定要注意安全。

安全守则

★ 荡秋千时应当坐在秋千中央，而不要站着或者跪着。

★ 荡秋千时双手一定要抓牢秋千的绳索，不要做危险动作。

★ 荡完秋千，要等秋千完全停止后再下来。

★ 不要在正摆动的秋千周围活动，以免被荡起来的秋千撞到。

★ 荡秋千时不要逞强，摆动幅度过大或被晃得太高，都容易摔落地面而受伤。

1. 乘坐自动扶梯时

当前自动扶梯已成为商场里使用率最高的基础服务设施。乘坐自动扶梯上下楼，既省时又省力。但近年来扶梯伤人事故不断，如何乘坐扶梯才更加安全呢？

安全守则

★ 要系紧鞋带，留心松散的服饰（例如长裙、礼服等），以防被梯级边缘、梳齿板、围裙板或内盖板挂住。

★ 如扶手带与梯级运行不同步，要注意随时调整手的位置；踏入自动扶梯时，要注意双脚离开梯级边缘，站在梯级踏板黄色安全警示边框内，并扶住扶手；不进入扶梯时，不要用手摸扶手带。

★ 乘扶梯应该靠右站立，这样可以把左边空出来，留给有急事的人通行。

★ 乘梯时应面朝运行方向，尽量站在梯级中间，身体不要倚靠扶梯侧壁，脚须离开梯级边缘，以免摔倒。

★ 不要把扶梯扶手带当滑梯，不要攀爬自动扶梯，也不要在扶梯上嬉戏打闹。

★ 乘梯时头、手、身体等部位不能超出扶手带，以防被挤伤、碰伤。

★ 不要坐在梯级踏板、扶手或栏杆上，以防失去平衡或将衣物、身体卡住。

★ 在上、下扶梯时，要稳步快速进入和离开，以免发生碰撞。

★ 不要乘坐发生故障或正在维修的扶梯。

紧急自救

● 在每台扶梯的上、下部都各有一个红色的急停按钮，一旦扶梯发生意外，要第一时间按下它紧急停止扶梯运行。如果无法第一时间按下急停按钮，要用双手紧抓扶手，然后把脚抬起，不要接触到梯级，这样人就会随着扶梯的扶手带移动，不会摔倒，但有一个前提是电梯上的人不能太多。

● 遇到拥挤踩踏事件时，要重点保护好自己的头部和颈椎，可一手抱住头部，一手护住后颈，身体蜷曲，不要乱跑。

● 遇到扶梯倒行时，要迅速转身紧抓扶手，压低身子保持稳定，并让周围的人与自己动作一致，等电梯运行到底部或顶部时，迅速跳离扶梯。

● 如果有物品被卷进扶梯夹缝，要立即放弃被夹物品，并且呼救；如果不小心在扶梯上摔倒，应该立刻十指相扣，保护好自己的后脑和颈部。

给家长的话

　　2012年1月29日，一个小男孩在北京西单某商场独自乘坐自动扶梯时把头探出梯身，被夹在扶梯扶手和楼板的夹角处，当场死亡。孩子的母亲当时忙着卖货，一眼没照看到孩子，就酿成了这个悲剧。须知，家长承担着看护未成年孩子的责任，切不可掉以轻心，让孩子脱离自己的监护。

2. 乘坐观光电梯时

　　很多大商场里都建有观光电梯，在电梯升降过程中，乘客在里面可以欣赏到电梯外的美丽景色。在欣赏美景的同时，可别忽视安全问题哟！

★ 电梯开门时，务必看一眼电梯地面再上，不要低头看手机等。

★ 关闭电梯门时，一定要确认手和脚都已处在安全区域。

★ 电梯门会定时、自动关闭，切勿在楼层与轿厢接缝处逗留，以免被夹伤。

★ 不要倚靠轿厢门。

★ 电梯有额定运载人数标准，当人员超载时，电梯内报警装置会发出声音提示，这时后进入的人应主动退出电梯。

★ 不要随便乱按按钮和乱撬轿厢门，以免发生危险。

★ 当电梯发生异常现象或故障时，可拨打轿厢内的报警电话寻求帮助或等待救援。

3. 通过旋转门时

旋转门外观高档、密封性好、通行能力强，一般有手动门和自动门两种。虽然旋转门通行起来很便利，但比起电梯似乎更易伤人。

安全守则

★ 进入旋转门时一定要保持秩序，不能拥挤，同时要选择进入的合适时机。在旋转门快要过去的时候可以等下一扇门，千万不能强挤进去。

★ 进入旋转门后，要保持和旋转门相近的速度行走，这样才不容易被门推倒。

★ 在旋转门行走时，不可触摸旋转门的门边和门角，以防被夹伤。

★ 离开旋转门时也要保持秩序，不可拥挤，更不能为了方便自己出去而试图让旋转门停下。

★ 在经过旋转门时一定要留意旁边的警示标志，以免误撞玻璃或造成其他伤害。

4.在商场走散时

百货商场往往格局复杂，节假日顾客众多。和爸爸、妈妈一起逛商场，一不留神就可能走散，怎么办？

小淘，不要乱跑！

糟了，找不到妈妈了。我要冷静……

阿姨，我和妈妈走散了……

小朋友，别着急，我来帮你广播。

妈妈以为找不到你了。

对不起，妈妈，我再也不乱跑了。

98

安全守则

★ 假如和爸爸、妈妈走散了，不要慌张。可以站在原地等待，一般情况下爸爸、妈妈会回来找你。

★ 如果附近有电话，可以打电话和爸爸、妈妈联系，告诉他们你所在的位置，不要再乱动。

★ 可以向警察、商场保安等人求助，或者请商场工作人员用广播帮助寻找爸爸、妈妈。

★ 不要随便跟陌生人搭话，也不要轻易跟陌生人走。

给家长的话

　　民警提醒广大家长：带孩子逛商场，一定要寸步不离地看管孩子；万一孩子走丢了，应迅速报警。建议家长提前在孩子口袋里放一张自己的名片或者是自制的小卡片，上面写上孩子和家长的姓名、单位、联系电话，以防万一。

5. 逛超市时

　　超市作为公共场所，也存在很多安全隐患。我们在浏览、挑选琳琅满目的商品时，也要注意安全。

安全守则

★ 不要在超市里奔跑打闹，以免滑倒或撞到货架及其他顾客。

★ 不要随便抓碰高处货架上的物品，以免东西不稳掉落到头上或身上。

★ 不要触碰玻璃器皿、瓷器等易碎物品，并尽量与其保持距离。

★ 有些为促销临时搭建的货架很不安全，一旦倒塌很容易伤到人，应尽量远离。

★ 超市的部分推车存在各种各样的问题，比如左右两轮的高度不一致，方向轮转动不灵活等，因此不要把超市推车当玩具并推着车横冲直撞，以免伤到自己或他人。

★ 不要随便拿超市的散装食品吃。

★ 不要随便跟陌生人搭话，也不要跟陌生人走。

知道多一点

商场购物小常识

　　为了保障自己的权益，让你的购物舒心、安心，你该掌握下列购物小常识：

● 购物前要列出物品清单，备好所需钱款，免得遗漏。

● 为了环保，商场里一般不免费提供塑料袋盛放物品，所以在去商场之前要选择容量足够的购物袋备用。

● 进超市前要拿一个顺手的购物篮或者推一辆购物车，便于选放所购物品。

● 商场客流量大，很多商品被大家摆乱了。选取商品时要看清商品及商品条码，以免拿错商品造成结账时与自己所看价格不符。

● 选购商品时一定要看生产日期。超市会按照生产日期的早晚来摆放商品，但依然会有过期的现象。尤其是食品，要注意生产日期和保质期。

● 刷信用卡时要核对金额。结账时要拿好小票，万一出现问题，它就是凭证，可以拿它去服务台解决问题。

● 大部分商场都会在节假日进行促销，某些商品大大低于平时的售价。另外，为了增加客流量，有些超市还会在非节假日推出一系列的特价活动。选择在这些时候购物，不失为一种省钱的好办法。但是请注意，购买打折的便宜货时，一定要考虑清楚自己是否需要。如果只顾眼前的便宜造成大量"废品"被积压在家里，可就不划算了。

在休息日，家长们经常会带着孩子一起逛超市买东西。大超市里物品繁多，人流穿梭，似乎是一派祥和的休闲场所，殊不知这里隐患多多。家长们需要注意阻止孩子们的几大危险活动：

一、奔跑

大型仓储超市里有四通八达的通道，孩子喜欢在这里奔跑打闹。这时家长必须提醒孩子小心，以免撞翻通道中央堆起来的货物。这些货堆稍有碰撞，商品就可能像多米诺骨牌一样倒下来，令孩子受惊或受伤。

二、捉迷藏

两三个熟识的大人在超市相遇聊天，孩子们则在货架之间玩儿捉迷藏，不一会儿发现自己看不到小伙伴，也找不到父母了，于是大哭起来。要避免这种情况的出现，家长除教育孩子不要独自活动外，更要帮孩子逐步建立起方位概念，记清商品区域位置并教导孩子万一迷路如何求助于工作人员。

三、免费玩冰

孩子们喜欢踮起脚尖，在超市生鲜区的冰柜前兴高采烈地玩儿衬在生鲜食品下面的冰块，不小心受凉后容易出现咳嗽、流涕、肚子痛等症状。出门前家长要给孩子披上薄外套，并教育孩子与冷柜保持距离。超市里的空气不好，家长最好还是快快买完东西带孩子回家，不宜久留。

四、免费品尝

超市里有些柜台有"先尝后买"服务，家长不要为了占小便宜而让孩子将每种散装食品都来一点尝尝。万一孩子以为超市里的散装零食是可以随便吃的，就麻烦了。

1. 游泳时

　　游泳是一项有利于身体健康的运动，但如果不注意安全，很容易发生溺水事故，甚至危及生命。

★ 游泳时必须由大人陪同，要选择正规的游泳场所，千万不要和同学结伴到野外游泳。

★ 千万不要到水况不明的池塘或水库、河道里去游泳，这种地方的水未经过净化处理，很不卫生，水中还可能有水蛇、毒虫、玻璃、水草、断树枝等，容易使人受伤或遇险；另外，水库和河道中的水位深，不安全。

★ 游泳前一定要把身体活动开，以免因下水时腿脚抽筋造成溺水。

★ 游泳时要注意避免体力透支，如果感到身体不适，要立刻上岸。

★ 参加强体力劳动或剧烈运动后，不能立即跳进水中游泳，尤其是在满身大汗、浑身发热的情况下，不可以立即下水，否则易引起抽筋、感冒等。

紧急自救

在水中抽筋时

● 在水中抽筋时，要保持镇定，大声呼救。

● 必要时要学会自救：吸一口气，使得身体仰浮在水面上，用抽筋小腿对侧的手去握住抽筋的部位，并用力往身体方向拉，同侧的手掌还要压在抽筋小腿的膝盖上，使得抽筋的腿可以伸直。

溺水时

● 溺水时要憋住气，用手捏着鼻子避免呛水。及时甩掉鞋子，扔掉口袋里的重物，边拍水边呼救。

● 如有人出手相救，自己要尽量放松，不可紧紧抱住对方。

知道多一点

怎样预防游泳时抽筋

　　抽筋是游泳过程中最常见的意外，与游泳者的身体状况有关，主要是体内热量、盐量、钙磷供应不足所致，与睡眠、情绪也有一定的关系。处理不当，就会发生溺水事故。预防抽筋的有效方法是：

● 食物准备不能少：首先应增加体内热量，以适应游泳时的冷水刺激，可吃些肉类、鸡蛋等含蛋白质的食物，还应适当吃些甜食；其次是补充钠、钙、磷；夏天出汗多，还应注意补充淡盐水。

● 准备活动应充分：先用冷水淋浴或用冷水拍打身体及四肢，对易发生抽筋的部位可进行适当的按摩。如果平时能够坚持冷水浴，就可提高身体对冷水刺激的适应能力，从而有效地避免游泳时发生腿抽筋。

● 身体有汗不下水：游泳池中的水温远远低于正常体温，如果大汗淋漓时下水，体表毛细血管会因受凉而突然收缩，使表皮供血量急剧下降，导致腿抽筋。

2. 跳绳时

跳绳这项运动看起来好像很安全，其实暗藏杀机，有时候也会使人受伤。

安全守则

★ 要选择长短适中的绳子，否则易导致动作不协调或被绊倒。

★ 绳子的软硬要有所选择，初学者通常宜用硬绳，熟练后可改为软绳。

★ 跳绳时要穿着合适、有弹性的运动鞋，以便减轻跳绳时的撞击力，避免脚踝受伤。

★ 跳绳宜选择软硬适中的泥土地、草地等场所，不宜在水泥地上跳，以免引起头昏或关节损伤。

★ 跳绳前须做热身运动，以便使肌肉能充分地接受进一步的运动量。

★ 跳绳时要掌握正确的姿势，眼睛望向前方，腰背挺直，有节奏地跳，落地时一定要以前脚掌着地，以减轻膝盖所承受的压力，同时脚跟和脚尖的用力要协调，避免扭伤。

★ 要注意呼吸的协调性，当感到呼吸困难或疲惫时，要立即停下来。

★ 跳绳后须做舒缓运动，可以采用散步的方式使身体尽量放松。

3. 溜冰时

溜冰是一项考验人平衡力、受挫折能力、耐力和速度的运动，有利于身体健康，但也有安全隐患。

★ 溜冰要选择安全的场地，如果在自然结冰的湖泊、江河、水塘上滑冰，要选择冰冻结实，没有冰窟窿和裂纹、裂缝的冰面，要尽量在距离岸边较近的地方，以保证安全。

★ 初冬和初春时节，湖泊、江河、水塘的冰面尚未冻实或已经开始融化，千万不要去滑冰，以免冰面断裂而被淹。

★ 溜冰时要佩戴好护具，包括头盔、护膝、护肘和手套，穿好溜冰鞋，系紧鞋带，身上不要携带尖锐及容易弄伤身体的物品，以免摔倒后伤到自己。

★ 溜冰前要做一些热身动作，使身体充分伸展。

★ 溜冰时要保持正确的姿势：两脚略分开，约与肩同宽，两脚尖稍向外转，形成小"八"字，两腿稍弯曲，上体稍向前倾，目视前方，尽量保持身体平衡。

★ 开始溜冰时，要有10～20分钟的轻松慢溜。

★ 溜冰时不要高速滑行，不要追逐打闹和互相推搡，要注意避让；人多时，应避免做突然停止或转身的动作。

★ 当意识到要跌倒时，要尽量使自己的身体向前倒，而不是向后，以免摔伤后脑。

★ 倒滑时要注意周围，以防撞到他人；当离开或进入溜冰场时，应小心避开迎面而来的其他溜冰者。

★ 练习溜冰时，每隔一段时间要休息几分钟。当身体疲劳时，应脱掉冰鞋，放松小腿和脚部肌肉。

★ 停止溜冰后，要做些整理运动，使身体放松下来再离开。

🔊 **知道多一点** •

如何保养溜冰鞋

● 每次溜冰后，要用软布将溜冰鞋的刀面擦干净，将其装入冰刀套内，避免受潮或破损。

● 冰刀切忌与酸性物质接触，以防生锈。

● 湿冰鞋不能用火烤，要擦拭后晾干。

● 冬季过后，在收藏冰刀和冰鞋前，要将冰刀擦干净，涂上些黄油；用清洁剂擦拭冰鞋上的污渍，将鞋阴干，擦上一层保护皮革用的鞋油，鞋内塞满纸团，用以吸收鞋内的湿气。

4. 玩轮滑时

　　玩轮滑是新一代青少年热衷的运动，它可以锻炼身体的平衡能力、柔韧性、应急反应能力。不过，玩轮滑毕竟是一项较专业的运动，存在一定的安全风险。

🌂 安全守则

★ 在玩轮滑之前先要做好热身运动，要戴好手套、护腕、护肘、护膝、头盔等护具。

★ 练习时要做好手脚搭配动作，保持身体平衡并注意将轮子调整好，使其运转自如。用锁紧螺母调整缓冲垫的弹性，定期给轴承注油，以减少滑行阻力。

★ 要选择安全的场地，不要在过往行人很多的地方玩轮滑。坑洼不平、有斜坡、有积水的地面也不适合练习，尽量选择平坦、人少、空旷的地方。

★ 初学者须在倾斜角度较小的坡面上滑行，逐步调换不同的坡度。

★ 由于玩轮滑时腰部、膝关节、脚踝需要用力支撑身体，时间过长，容易导致局部负担过重，发生劳损，甚至会影响骨骼的正常发育。所以，每次玩轮滑的时间不宜过长，最好不要超过1小时。

 知道多一点

如何巧摔跤

玩轮滑时摔跤在所难免，可这摔跤也有门道，掌握了正确的方法，就可以"摔"得轻一些：

● 无论什么时候，都要避免单臂直伸撑地，否则很容易造成手臂或手腕骨折。

● 当要向前摔倒或侧摔时，主动屈膝下蹲，曲臂，用两手掌撑地来缓冲。

● 当要向后摔倒时，也尽可能屈膝团身，降低重心后让臀部先着地，避免磕碰到头部。

给家长的话

轮滑运动需要孩子具备相当的平衡能力和敏捷的肢体反应能力。孩子年龄小，身体控制能力较差，发生危险的概率也更高。所以提醒家长们注意：8岁以下的孩子尽量不要玩轮滑。另外，孩子肌肉力量差，长时间玩轮滑易造成肌肉劳损，或引发关节软组织滑膜炎症，可能影响生长发育。建议把孩子每次玩轮滑的时间控制在1小时以内。另外，切不可把轮滑当交通工具，因为运动者往往要集中精力在动作上，极易忽略路面状况，存在很大的交通安全隐患。

5. 打篮球时

篮球运动紧张、刺激，充满着迷人的魅力。篮球比赛对抗激烈，而少年儿童肌力小、韧带薄，极易造成关节韧带拉伤和扭伤，所以打篮球时一定要做好自我防护。

闹闹，和我们一起玩儿吧！我教你。

不行不行，我不会玩儿这个。

这个球该怎么扔出去？

闹闹，传给我！传给我！

王小闹，为什么受伤的总是我？

你不是说让我把球传给你吗！

🌂 安全守则

★ 打篮球前要做好充分的热身活动，要配备好篮球鞋、护膝、护踝等必要的保护装备。

★ 打篮球时不要戴眼镜，一旦镜片被撞击破碎，玻璃碎片容易溅入眼睛而造成伤害。

★ 不要戴首饰，也不要携带小刀等锋利的物品，以防摔倒或争抢时划伤自己或别人。

★ 要尽量避免大幅度的犯规动作，快速行动时避免撞到他人；要注意保护自己，避免手指挫伤以及手腕或脚踝扭伤。

★ 夏季打球要注意补充身体流失的水分，高温湿热时要注意防止中暑、抽筋或虚脱。

★ 要合理安排运动量，每次运动控制在1小时左右，时间不宜过长。

⊡ 紧急自救

　　一旦手指挫伤或者手腕、脚踝扭伤，24小时内要冰敷，这样可以有效减少皮下毛细血管出血，然后再进行热敷，散去瘀血。情况严重要去就医。

♥ 给家长的话

　　篮球作为一项综合球类运动，涵盖了跑、跳、投等多种身体运动形式，且运动强度较大，可使全身各部位肌肉都得到活动和锻炼，增强体内的新陈代谢，充分锻炼到身体各个部位，因此能全面、有效地促进身体素质和人体机能的发展。孩子经常打篮球，还能够使长骨组织的血液供应及营养供给充分，有利于成骨物质的合成，促进骨骼的健康生长，有利于身高增长。另据数据显示，打篮球还可以促进全脑的开发。

　　另外，当今社会独生子女太多，孩子们的"自我意识"太强，而善于合作是他们未来走入社会的必修课。篮球中传球的配合、接球的呼应等，都是一种合作。孩子们在篮球运动中可以逐渐建立起彼此间的信任，和队友并肩作战，分工合作，共同进退，就算失败了，小伙伴也会互相安慰。

　　据调查，全国85％以上的中小学生都处于亚健康状态，包括疾病多发、骨骼发育缓慢、体能缺乏、精神萎靡、恢复缓慢、过度肥胖或瘦弱等不良状态。而篮球运动带给少儿的不仅仅是运动中获得的快乐和健康，还能让他们遵守规则，学会礼仪，培养独立、友爱、自理、分享等精神品质。由此看来，家长应该给孩子足够的活动空间，业余时间不妨让他们打打篮球，以促进孩子身心健康发展。

6. 踢足球时

　　很多男同学都爱踢足球，在宽阔的足球场上奔跑，既能锻炼身体，又能放松心情。但踢足球时如果没有正规的场地，就要找个既安全又不影响他人的开阔地带，以免发生危险。

安全守则

★ 要选择正规的足球场，不要在马路边踢球，马路边来往的车辆多，容易发生交通事故；也不要在不平坦、有坑洼或沙石的地方踢球，以免造成踝关节扭伤或跟腱拉伤。

★ 踢球时尽量穿透气吸汗、宽松合体的衣服，以及较为舒适的足球鞋。

★ 踢球时不要戴眼镜，一旦镜片被撞击破碎，玻璃碎片容易溅入眼睛，造成伤害。

★ 踢球时不要戴首饰，也不要带小刀等锋利的硬物，以防摔倒或争抢时划伤自己或别人。

★ 踢球时既要注意保护自己，又要注意保护他人，在奔跑和跳起落地时，切忌踩在球上，这样容易扭伤下肢关节；在冲撞落地摔倒时，手臂着地要注意缓冲，可以做侧滚翻或前后滚翻，切不可硬撑。

★ 要合理安排运动量，每次运动控制在1小时左右，时间不宜过长。

★ 夏季踢球要注意补充身体流失的水分，高温湿热时要注意防止中暑、抽筋或虚脱。

★ 雨天尽量不要踢球，地滑容易摔伤。

7. 放风筝时

　　春天里，很多同学会和爸爸、妈妈一起去户外放风筝。但乱放风筝可是很危险的，一定要关注身边的环境，安全放飞。

安全守则

★ 放风筝要选择宽敞的非交通道路或空旷之处，如操场、广场、公园、山丘等，确保放飞安全。

★ 不要在公路或铁路两侧放风筝，路上人来车往，容易发生交通事故。

★ 不要在楼顶或大桥上放风筝，以防后退时跌落。

★ 不要在河边、水井边、池塘边和堤坝上放风筝，以免失足落水，也不要因风筝落水冒险去捡拾。

★ 不要在有高压线的地方放风筝，以防因风筝与电线接触而发生事故。

★ 要尽量保持风筝干爽，如果风筝挂在了电线上，不要贸然去取，以防触电。

★ 放风筝时要注意避免阳光照射对眼睛造成伤害。

★ 风筝断线追寻时要注意安全，放飞失控时要防止被拉倒或滑倒。

 知道多一点

学做一个纸风筝

 准备材料

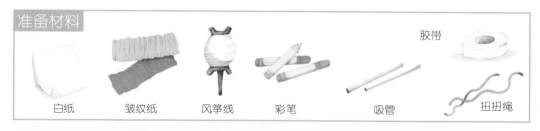

胶带

白纸　　　皱纹纸　　　风筝线　　　彩笔　　　吸管　　　扭扭绳

制作步骤

1.用吸管制作一个风筝骨架，并用扭扭绳固定结实。

2.把白纸剪成适合风筝骨架大小的菱形，画上你喜欢的图案，然后用胶带固定上、下、左、右四个角。

3.用胶带把皱纹纸固定在风筝骨架上，作风筝的尾巴。

4.把风筝线绑在风筝骨架上，就可以去放风筝了！

在路上

儿童安全大百科 | ERTONG ANQUAN DABAIKE

1. 行走时

　　很多交通事故的发生并不是因为汽车"不长眼睛"，而是因为行人不会走路。可见走路也是大有学问的。

安全守则

★ 在大街上行走，要走人行道；没有人行道的，要靠马路右边行走。

★ 集体出行时，最好有组织、有秩序地列队行走。

★ 结伴行路时，不要相互追逐、打闹、嬉戏，横排不要超过两人。

★ 行走时要精力集中，不要东张西望、边走边看书报、打电话或做其他事情，也不能闭眼听音乐。

★ 行走时要注意观察周围和路面情况，夜晚路黑或路灯光线不足时要加倍小心。

★ 行走时不要过于接近路边停放的车辆，以防它突然启动或打开车门。

★ 不要在道路上扒车、追车、强行拦车，以免发生意外。

🔊 **特别提示**

小心窨（yìn）井

　　街道上的窨井常常威胁行人安全。破损或无盖的窨井让人一脚踏空，造成人身伤亡的事故时有发生。走路时，一定要格外注意并尽量避开窨井。尤其在暴雨天，有的井盖可能会被水冲开，所以千万不要涉水前行，以免跌落到无盖的窨井中。平时如果发现井盖损坏或者丢失，存在隐患，要及时报告巡逻民警或有关管理人员，以便及时排除危险。

❗ **真实案例**

走路惹出的大祸

　　行走，对我们来说简直是不值得一提的小事。谁不会行走啊？但请看这个真实案例：

　　有一天，两个中学生在马路边行走时抛接篮球，球滚到机动车道上，将一辆正常行驶的摩托车绊倒，致使驾驶员脑部严重受损。

　　交通法规明确规定，行人在行走时不得在路上嬉闹和玩耍。据此，交警部门对这起事故做了责任认定，认定这两个中学生承担全部责任，两人家庭各承担一万多元的医疗费用。

2. 过马路时

　　走在马路上，随时都有可能发生交通事故。为了安全过马路，我们首先要了解过马路的正确方法。

安全守则

★ 穿越马路须走人行横道。

★ 通过有交通信号控制的人行横道，须看清信号灯的指示。绿灯亮时，可以通过；绿灯闪烁时，不准进入人行横道，但已进入人行横道的可以继续通行；红灯亮时，不准进入人行横道。

★ 通过没有交通信号控制的人行道，要注意来往车辆，在确认没有机动车通过时才可以穿越马路；一旦不慎走到马路中间，前后都有车辆时，千万不可乱动，要原地站立，等车流通过后再走。

★ 过马路时切忌犹豫不决、停停走走、跑向路中又回头。

★ 没有人行横道的马路，须直行通过，不可在车辆临近时突然横穿。

★ 在有人行过街天桥或地下通道的地方过马路，须走人行过街天桥或地下通道。

★ 不要翻越马路边和路中的护栏、隔离栏、隔离墩等隔离设施。

★ 不要突然横穿马路，特别是马路对面有熟人、朋友呼唤，或者自己要乘坐的公共汽车快要进站时，千万不能贸然行事，以免发生意外。

🔊 知道多一点

交通信号灯为什么选红、黄、绿三种颜色

在各种颜色中，红色光波最长。光波越长，它穿透周围介质的能力就越强，因此在光度相同的条件下，红色显示得最远，所以红色被采用为停车信号；黄色光的波长仅次于红光，位居第二，黄色玻璃透过光线的能力强，显示距离也较远，因而被采用为缓行信号；绿色光的波长是除红、橙、黄以外比较长的一种色光，显示的距离也较远，同时绿色和红色的区别明显，因此被采用为通行信号。

常见交通标志

 非机动车车道

 直行

 向左转弯

 步行

 人行横道

 停车让行

 禁止通行

 禁止驶入

 禁止向右转弯

 禁止行人进入

3. 过铁路岔道口时

有的同学在上学和放学的路上，可能会经过铁路岔道口，这里潜伏着很大的危险，一定要小心通过。

★ 在经过有人看管的铁路道口时，要服从铁路工作人员的指挥或遵守信号灯规定，红灯停，绿灯行，不能强行通过。

★ 经过无人看管的铁路道口时，不可在铁路上逗留、玩耍、坐卧，以免火车通过发生危险。

★ 过铁道要注意来往火车，当护栏落下来时应该立即止步，绝不可钻护栏。

4. 遇到精神异常者时

　　由于现代社会生活压力很大，精神异常的人日渐增多。如果在路上遇到了精神异常的人，我们该怎么做呢？

安全守则

★ 遇到精神异常者，应当尽快远离、躲避，不要围观。

★ 遇到精神异常者，不要与其对视；如果对方是被害妄想症患者，与其对视有可能引起对方的攻击。

★ 保持冷静，不要对其进行挑逗、戏弄和语言侮辱，以免刺激到他而受伤害。

★ 当精神异常者对你有攻击行为时，最好迅速逃离；逃离不及，可以利用身边的物品进行积极防御，并争取时间和机会求助或报警。

5. 被人跟踪或抢劫时

　　走在路上，如果感觉到有人鬼鬼祟祟跟在你后面，你一定很害怕，但可不能因为害怕而让那个人得逞。

★ 当发现有人跟踪时，千万不要惊慌，要朝人多的地方走，如繁华热闹的街道、商场，甩掉尾随者。

★ 如果附近有公安局，或看见在指挥交通的交通警察，就赶紧向警察求救。

★ 千万不要往小巷子或者死胡同里跑，一旦被歹徒堵住，要大声呼救。

★ 如遇抢劫，可将钱包或财物扔远些，劫匪会去捡，自己好有机会逃脱。

别让坏人有机可乘

● 放学后不能按时回家，一定要让家长知道你去哪里了、大约什么时候回来、与谁在一起、怎么与你联系。

● 上学和放学的路上，最好与同学结伴而行，不要单独走在荒凉、偏僻、灯光昏暗的地方。

● 天黑外出，最好携带能发出尖叫声的报警器或口哨，遇到坏人，可以及时拉响或吹响吓退他；还可以携带手电筒，万一遭袭，可用手电筒照射坏人面部，趁机逃脱。

小城连续失踪两名少女

2012年3月9号中午，某县级市小学生陈某在放学回家的路上莫名其妙地失踪了，至今杳无音信。陈某是家中的独生女，是个乖女孩，没有跟家人闹矛盾，应该不是离家出走。

2013年11月26日早上，同一城市的初中生陈某到了学校门口，学校大门还没开。监控视频显示陈某和同学们在学校门口等着，但是等大门开了以后，陈某却失踪了，没有走进校园。家人发疯似的寻找，并查阅了她的QQ记录，但没有发现任何反常迹象。

一个县级市不到两年时间连续失踪了两个十二三岁的少女，而且失踪得莫名其妙，令人毛骨悚然。如此正常的上学放学，居然遭遇失踪，值得引起全社会的警惕！

6. 遭遇绑架时

遭遇绑架的事情不常有，但一旦遇上，可真就考验你的胆量和智慧了。

安全守则

★ 不要轻信陌生人的话，不要随便跟他走。

★ 遭到歹徒绑架时，要用力挣扎，大喊大叫，以引起周围人的警觉。

★ 无法挣脱时要镇静下来，跟绑匪斗智，记住其面貌特征、性别、年龄、口音，以及路过的地方和停留的地方，以便协助破案。

★ 为了便于亲人知道你的行踪，你可以在被绑架的路上或停留的地方，伺机扔下你随身携带的物品。

★ 如果关押你的房子里有电话，要趁坏人不备拨打"110"或往家里打电话，用简短的话告知你所处的地点。

★ 要尽量吃好、喝好、睡好，养足精神，保持最佳的身体状态，为找机会逃脱做好充分准备。

♥ 给 家 长 的 话

给孩子一个安全的环境固然重要，教会孩子如何保护自己、使自己更安全地成长更加可贵。为了防患于未然，家长应该这么做：

★ 确保孩子知道家庭住址、家里的电话号码以及父母的手机号码。

★ 确保孩子知道如何拨打"110"报警。

★ 告诉孩子可以用"不"来拒绝来自成年人的请求。

★ 告诉孩子，如果一个大人或孩子要求他保守秘密，他完全可以把这个秘密告诉自己的父母。

★ 要求孩子必须随时告知父母自己的行踪。

安全童谣

绑架逃生歌谣

斗智斗勇智为先，多听多看记心间；

要吃要喝保睡眠，争取同情适度谈；

学会留下小标记，逃离虎口要果断。

1. 骑自行车时

很多同学骑自行车上学，这既节省时间，又能锻炼身体。但如果骑车时不遵守交通规则，很容易造成交通事故。

安全守则

★ 骑自行车前要做好检查，看车胎是否有气，刹车是否灵敏，车铃是否完好无损，以免发生意外。

★ 要在非机动车道上行驶，在混行道上则要靠右边行驶，千万不要逆行。

★ 不要手中持物（如打伞）骑车，不载过重的东西骑车，不要双手撒把，也不要骑车带人。

★ 骑车时不要攀扶机动车，也不要紧随机动车行驶。

★ 不要多人并排行驶，不要互相攀扶，互相追逐，更不要赛车。

★ 经过交叉路口时，要减速慢行，注意过往行人和车辆，不要闯红灯；拐弯时不要抢行，要减速慢行。

★ 超越前方自行车时，不要与其靠得太近，速度不要过快，不要妨碍被超车辆的正常行驶。

★ 过较大陡坡时应推车行走，遇雨、雪、雾等天气要减速慢行。

📢 知道多一点

刹车失灵怎么办

当刹车失灵时，如果不是路口，前方又没有行人，要掌握好平衡，让自行车自动滑行，慢慢停下来；如果前方有很多行人和汽车，一定要大喊"危险，快让开"；如果前方路况十分危险，情急之下，可以驶向路边的土地或沙地，并做好跳车准备；如果鞋底够厚，坐垫够矮，脚能碰到地面，也可以尝试用脚刹车。

❗ 真实案例

夺命"双骑"

2010年3月一个星期天的上午，上小学的11岁男生何某与9岁的表弟刘某两人合骑一辆自行车出行。当时，何某骑车带着刘某，在一个大下坡路上玩耍。忽然，背后有汽车驶来，惊慌失措的何某操控着车把左右摇摆。当车子从他们身边驶过时，搭载两人的自行车竟向着汽车倒去。自行车被压，何某当场死亡，他的表弟刘某也于次日清晨死亡。

公安交通管理部门表示，骑车带人是目前比较普遍的交通违法行为，但愿血的教训能给我们带来警示。

2. 乘地铁时

现在很多同学所在的城市都有地铁了。地铁在地下穿行，没有红绿灯，一路畅通，乘坐起来相当快捷，但前提是安全。

安全守则

★ 不要携带易燃、易爆等危险物品进入地铁，并自觉接受安全检查。

★ 在没有安全屏蔽门的站台，一定要站在安全线外候车，切勿在站台边缘与安全线之间行走、坐卧、放置物品。

★ 出入站台或上、下车时，不要拥挤，要按秩序先下后上。

★ 上、下车时要小心列车与站台之间的空隙，小心屏蔽门的玻璃，当屏蔽门指示灯闪烁时不要上、下车。

★ 在车门关闭过程中，一定不要扒门强行上、下车。

★ 在列车上站立时应紧握扶手，不要倚靠车门，否则可能因车门开关造成人身伤害，也可能使车门受力过大发生故障。

★ 不要在非紧急状态下动用紧急或安全装置。

★ 不要在站台和列车上追逐打闹，以免发生危险。

★ 严禁跳下站台，进入轨道、隧道和其他有警示标志的区域。

🔳 紧急自救

● 如发现有人或物品掉进轨道，应立即通知工作人员，不能擅自跳入，因为轨道有高压电。如果不小心坠落后看到有列车驶来，最好立即紧贴非接触轨侧墙壁，以免列车剐到身体或衣物，切不可就地趴在两条铁轨之间的凹槽里，因为地铁列车和道床之间没有足够的空间使人容身。

● 地铁遇突发火灾、停电等事故，有可能发生爆炸、踩踏等突发事件，这时千万不要惊慌，要服从车站工作人员的统一指挥，安全逃生；如人多拥挤，走动时要溜边、避开人流，遇险时身体尽量蹲下或坐下，双手向上抱住头部，胳膊肘向外张开，保护好头颈、胸腹和四肢。

● 如果发生火灾，应及时用毛巾、衣物等捂住口鼻，尽可能降低身体高度，贴近地面逃生；一旦身上着火，最好在地上打滚儿将火压灭；要注意朝明亮处、迎着新鲜空气跑。

● 如果列车在运行时停电，千万不可扒门离开车厢进入隧道；即使全部停电了，列车上还可维持数十分钟的应急通风。

🔊 知道多一点

地铁安检

　　地铁安检是进入地铁的所有人员必须履行的检查手续，是保障乘客人身安全的重要预防措施，所以所有进入地铁的乘客都必须无一例外地接受检查。也就是说，地铁安检不存在任何特殊的免检对象。

　　地铁安检的内容主要是检查乘客是否携带有枪支、弹药，及易爆、腐蚀、有毒、放射性等危险物品，以确保地铁及乘客的安全。

3. 乘火车时

一般来说，乘坐火车出行相对安全，但也有例外。不怕一万，就怕万一，掌握一些安全守则有备无患。

安全守则

★ 在站台上候车，要站在站台一侧安全线以内，以免被列车卷下站台，发生危险。

★ 不要携带易燃、易爆等危险品乘车。

★ 不要在车厢内乱跑乱窜，也不要在车门和车厢连接处逗留，以免发生夹伤、扭伤、卡伤等事故。

★ 列车行进中不要把头、手、胳膊伸出车窗外，以免被沿线的信号设备等刮伤。

★ 不要向车窗外扔废弃物，以免污染环境、砸伤铁路工人或路边行人。

★ 到茶炉间打开水或是在座位上喝开水时，都应特别小心，火车的晃动往往容易使杯中的热水泼出，引起烫伤。

★ 在火车上吃东西要注意饮食卫生，不可吃得过饱，以免增加肠胃负担，引起肠胃不适。

★ 不要吃陌生人给的食物，不要跟随陌生人中途下车。

★ 火车每到一站中途休息时，如果到站台上活动或是购买食品，要注意列车的发车信号，不要跑得太远而被丢下。

紧急自救

当火车发生火灾事故时，不要盲目跳车，要在乘务人员的疏导下有序逃离。

当火车发生倾斜、摇动、侧翻，遇险失事时：

● 如果座位不靠近门窗，应留在原位，抓住牢固的物体或者靠坐在座椅上，低下头，下巴紧贴前胸，以防头部受伤；若座位接近门窗，就应尽快离开原地，迅速抓住车内的牢固物体。

● 在通道上坐着或站着的人，应该面朝行车方向，两手护住后脑部，屈身蹲下，以防冲撞和坠落物击伤头部；如果车内不拥挤，应该双脚朝着行车方向，两手护住后脑部，屈身躺在地上，用膝盖护住腹部，用脚蹬住椅子或车壁，同时提防被人踩到。

● 在厕所里，应背靠行车方向的车壁，坐到地上，双手抱头，屈肘抬膝，护住腹部。

知道多一点

火车禁运品

辐射性物品

易燃性物品

易爆物品

放射性物品

有毒物品

强磁性物品

刀具

武器

有害液体

氧化物品

4. 乘公交车时

　　现在越来越多的同学选择乘公交车上学。乘公交出行虽然减少了步行时可能发生的危险，但不注意也会发生挤伤、剐伤、摔伤等事故。该如何避免这些伤害呢？

安全守则

★ 不要在机动车道上等候车辆。

★ 要按秩序排队，待车停稳后先下后上，不要争抢，以免发生冲撞。

★ 不要携带易燃、易爆等危险品乘车，以免发生危险。

★ 乘车时要坐稳扶好，没有座位站立时，应该握住扶手、栏杆或座椅站稳，以免紧急刹车时发生意外。

★ 乘车时不要和同学们嬉戏打闹，这样不仅影响他人，也很危险。

★ 不要把手、头或胳膊伸出窗外，以免和对面来车或树木发生剐蹭。

★ 不要乱动、玩耍公交车上的安全锤和消防器材，以免伤己伤人。

★ 不要向车窗外乱丢杂物，以免伤到他人。

★ 如果错过了公交车，不要在后面追赶，要耐心等待下一辆。

★ 公交车进站时不要为了先上车而跟着车跑，这样容易跌倒或被行驶中的公交车撞到。

★ 下车时要带好自己的随身物品，等车停稳后按顺序下车。

★ 下车前要看清左右是否有通行的车辆，不要急冲猛跑，以免被两边的车撞到，也不要急于从自己所乘车辆的前面或后面横穿马路，要等车驶离后再过。

🔊 知道多一点

乘客乘公交车有义务抓牢扶手

这是一个真实的案例：

公交司机王某在驾驶车辆过程中，因车辆故障致使车辆紧急刹车，导致乘客张某身体受到损伤。公交公司和驾驶员有义务保养运营车辆，故与张某受到的损伤存在一定的因果关系。但张某作为成年人应注意乘车安全，车内监控视频显示，他在车厢内确实未抓牢扶手，因此也应承担一定的责任。

由于公交司机是公交公司的驾驶员，事故发生在公交车运营期间，依据《侵权责任法》，用人单位的工作人员因执行工作任务造成他人损害的，由用人单位承担侵权责任。

本案主审法官表示，日常生活中，因公交车刹车引发意外的情况很普遍。在此类案件中，司机和公交公司不一定要承担全部赔偿责任，乘客是否存在重大过失、刹车是车辆故障还是司机操作失误所致等，都会对最终的责任划分产生影响。对于司机在职务行为中因失误或过错造成的损失，公交公司虽然应承担赔偿责任，但可以在案发后依法进行合理的追偿。

5. 乘出租车时

除了地铁和公交车，我们也会乘坐出租车。乘坐出租车千万要注意安全。

安全守则

★ 不要搭乘无牌照的出租车。

★ 要站在出租车停靠处或可以停车的马路边等处搭车，一定不要在十字路口或马路中间招手示意。

★ 要等车停稳后从车辆的右门上车，坐稳后关紧车门。

★ 要系好安全带，不要将身体的任何部位伸出车外，以免被过往车辆碰到。

★ 容易晕车的人，最好面向前方，双目远眺，不要低头看书或玩手机。

★ 上车时最好记住车牌号，下车时要带好随身携带的物品，并向司机索要发票，以便有事情能取得联络。

★ 下车前要通过观后镜看清后面有无行人或车辆，确保安全再开门下车。

★ 当汽车在高速行驶中紧急刹车时，一定要抓住车内牢固的物体趴下或蹲下，以免摔倒受伤。

🔊 特别提示

乘坐出租车尽量别坐副驾驶位置

乘坐出租车时，很多人喜欢坐在司机旁边的副驾驶位置上，因为这里视线好，但是这个位置却最不安全，发生意外时坐在这儿很容易受到伤害。因此小朋友最好不要坐在司机旁边。一般而言，在系好安全带的情况下，小汽车内安全性由高到低的座位可排列为：后排中间座位、驾驶员后排座位、后排另一侧座位、驾驶员座位、副驾驶座位。

🔊 知道多一点

出租车的由来

出租车，即"的士"。

1907年初春的一个夜晚，富家子弟亚伦同他的女友去纽约百老汇看歌剧。散场时，他去叫马车，问车夫要多少钱。虽然离剧场只有半里路远，车夫却漫天要价，竟然要多出平时10倍的车钱。亚伦感到太离谱，就与车夫争执起来，结果被车夫打倒在地。亚伦伤好后，为报复马车夫，就设想利用汽车来挤垮马车。后来他请一个修理钟表的朋友设计了一个计程仪表，并且给出租车起名"Taxi-car"，这就是现在全世界通用的"Taxi（的士）"的来历。1907年10月1日，"的士"首次出现在纽约的街头。

在网络上，"Taxi"还有"太可惜了"的意思。

出租车载客量不多，一般只有3个座位。搭乘出租车除了招手招呼外，还可利用电话、网络约车。

133

6. 乘飞机时

与陆地上的交通工具相比，飞机速度更快，也相对安全，但一旦发生事故却惊心动魄。所以乘坐飞机时一定要做好充分的防护准备。

安全守则

★ 在飞机起飞、下降着陆以及空中穿越云层或遇扰动气流时，一定要系好安全带，以防飞机颠簸、抖动、侧斜导致碰撞受伤或发生其他意外事故。

★ 不要在机舱内随意走动，不要随意玩弄机舱内的安全救护设施。

★ 飞机起飞前要关闭手机。

★ 乘机前不要吃得过饱，不要进食大量油腻或高蛋白的食品以及容易产生气体的食物，以免腹胀、腹泻及晕机；也不可饥饿上飞机，因为飞行时，高空气温及气压的变化使人体需要消耗较多的热量，胃中空虚容易恶心。

★ 飞机起飞或降落时，如耳朵感觉不适，可张开嘴或嚼块口香糖，保持口腔活动，以减轻不适的感觉。

★ 要认真听机组人员讲解救生衣等设备的使用方法，并学会使用。

★ 一旦飞机出现故障，要保持镇静，听从机组人员的统一指挥。

🔊 知道多一点

乘飞机如何缓解耳鸣

当飞机升到一定高度时，由于外界气压低，鼓室内的气压大于大气压，使鼓膜外凸，耳朵就有胀满不舒服的感觉，导致听力下降。当飞机下降时，鼓室内的压力低于大气压，鼓膜内陷，则会引起耳鸣和疼痛。根据观察发现，飞机起飞或下降时，耳朵产生难受的感觉是普遍现象。医学专家提醒人们，如果乘飞机时吃些糖果，并不断咀嚼、吞咽，使咽鼓管在鼻咽部的开口开放，空气能够自由进出鼓室，鼓室内外气压就能有效保持平衡，促进鼓膜恢复和保持正常，从而缓解耳鸣症。

❗ 真实案例

空中隐形杀手

1991年5月26日，奥地利LAUDA航空公司的一架波音767型飞机从泰国曼谷机场起飞后不久，飞行员突然发现机上的一台计算机神秘地启动了正常情况下在地面着陆时才可能打开的反向推进器，使飞机失去了平衡。飞机无法及时修正，失速解体坠毁，机上200多人全部遇难。

调查结果证明，此次事故是飞机在受到严重的电子干扰后产生错误信号所致。手机等电子设备使用中发出的信号可能干扰飞机正常的信号传递，并使飞机处于错误的操作状态，严重影响飞行安全。因此，手机有"空中隐形杀手"之称，在空中被严禁使用。

7. 乘轮船或游艇时

　　乘着轮船在大海里航行是件多么惬意的事情啊！但如果不遵守安全守则，美妙的旅程就会出现不美妙的插曲。

安全守则

★ 不要携带易燃、易爆物品乘船。

★ 不要乘坐超载船只；遇大雨、大风或大雾等恶劣天气，不要乘船。

★ 不要把身体探出船身周围的栏杆；不要逗留在船头等不安全的地方，以免失足掉入水中；不要在船上来回跑动或打闹，以免颠簸摔伤。

★ 如果晕船，可以事先服用一些防晕药品；一旦晕船，要回舱休息，必要时服用治疗晕船的药品。

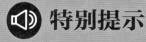

特别提示

自动充气式救生衣的穿法

● 穿着前应检查救生衣有无损坏，腰带、胸口及领口的带子是否完好。

● 将腰带部分置于身前，再把头部套进救生衣内。

● 将左右两根腰带于身体正面交叉后，如果太长，可把它们分别绕到身后再到身前，打死结系牢，再系好胸口、领口的带子即可。

注意事项：

● 注意救生衣是否能正反两面穿用。有的救生衣正反两面穿用皆可，救生性能一样；有的救生衣仅能正面穿着，不能反穿；仅在一面配置了救生衣灯、反光膜的救生衣，若把有灯的一面穿在里面，灯光就发挥不了作用。

● 将带子打死结、扣子等紧固件扣牢靠。若未扣牢，在跳水时受水的冲击可能会松开，或在水中漂浮较长时间后脱落。

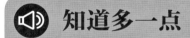

知道多一点

如何预防晕车晕船

● 在乘坐车、船前，不要吃过多的东西，要休息好，保持精神饱满。

● 要适当调整自己的视听感觉，当车、船在行驶时，眼睛尽量往远处看，因为看近处的物体，会增加晃动感。

● 医学专家指出，可用运动锻炼治疗晕动病，平时可有意识地做些摇摆和旋转运动，通过循序渐进的运动，增强内耳前庭器官对不规则运动的适应能力，逐渐减轻乃至克服晕动病。

8. 乘缆车时

　　缆车是一种独特的交通工具，乘缆车不仅快速方便，还可以"一览众山小"。但很多人坐缆车会害怕，因为一旦发生危险，逃生很困难。所以乘坐时一定要注意安全。

安全守则

★ 乘坐缆车时一定要听从工作人员的指挥。

★ 在缆车上不要随意晃动或者从座位上站起来。

★ 在缆车运行过程中，千万不要将车门打开，也不能将身体的任何部位探出车厢，以免跌落或碰伤。

★ 遇到恶劣天气，不要乘坐缆车。

★ 下缆车时一定要待缆车停稳再下，不要着急。

🔲➕ 紧急自救

　　缆车在运行过程中因停电、电压不稳、机械故障或打雷等原因，有可能会紧急停车，车厢在惯性的作用下会大幅摇摆。这时要保持镇定，等待工作人员采取措施，切不可盲目打开车门，更不可从缆车上直接跳下。

🔊 特别提示

乘坐游乐设备安全须知

　　游乐园是孩子们最爱去的休闲场所，但是在乘坐摩天轮、旋转木马、小火车等游乐设备的时候，下列注意事项是必须牢记的：

● 游乐设备的定检周期为1年，凡经安检合格的游乐设备，醒目处都张贴着安检合格标志。在乘坐的时候，首先要查看这些游乐设备是否有安检合格标志，不要乘坐超期未检或检验不合格的游乐设备。

● 在儿童游乐设备的醒目地方都设置有"乘客须知"，在乘坐前要仔细阅读，不坐不适合自己年龄的游乐设备。比如，14岁以下的儿童不宜乘坐过山车、海盗船、太空飞梭、勇敢者转盘等激烈刺激的游乐设备。

● 在排队等候时，不要翻越安全栅栏、擅自进入隔离区。

● 在乘坐旋转、翻滚类游乐设备之前，最好将钥匙、眼镜、手机、相机等容易掉落的物品托人保管，不要带在身上进入游乐设备的车厢里，否则容易遗失。另外，最好不要穿腰带细绳的衣服，也不要戴项链。这些物品有可能无意中挂在游乐设备的器械上，造成意外伤害。更不能携带任何尖锐的金属物品进入场地，如小刀、长发卡等，以免无意中刺伤自己或他人。

● 要听从工作人员的指挥上下游乐设备，在游乐设备没停稳之前不要抢上抢下。乘坐时要系好安全带，并检查是否安全可靠。如果感觉不牢靠，要请工作人员帮忙解决。

● 游乐设备运行时要坐稳扶好，安全带绝对不可解开。不要在运行过程中拍照，不要食用任何食物，否则容易造成食物卡喉咙等意外。

● 在乘坐儿童游乐设备，如荡船等包含公转和自转运动的游艺设备时，如有不适，请立刻用手势向工作人员示意。

● 大规模的停电造成游乐设备停机时，不要惊慌失措，要听从工作人员的安排。

● 万一游乐设备里发生了火灾，可用手头的衣物或者手帕、餐巾纸捂住口鼻（最好用水将其打湿），并拍打舱门呼救，等待救援。

1. 参加社会实践活动时

参加集体劳动等社会实践活动时，同学们会面对许多自己从未接触过或不熟悉的事情，要保证安全，就要先了解一些注意事项。

🌂 **安全守则**

★ 要遵守活动纪律，听从老师或有关管理人员的指挥，统一行动，不要各行其是。

★ 要认真听取有关活动的注意事项，什么是必须做的，什么是可以做的，什么是不允许做的，不懂的地方要询问、了解清楚。

★ 参加劳动，使用一些劳动工具、机械、设备时，要仔细了解它们的特点、性能、操作要领，严格按照有关人员的示范，并在他们的指导下进行。

★ 不要随意触摸、拨弄活动现场的一些电闸、开关、按钮等，以免发生危险。

★ 注意在指定的区域内活动，不随意四处走动、游览，以防意外发生。

★ 来回路途中，要注意交通安全。

2. 郊游、野营活动时

学校要组织郊游了，你一定很高兴，爸爸、妈妈可是非常担心你的安全呢。为了让他们放心，出游前你还是做好充分的准备吧！

141

★ 要由成年人组织、带领，要严格遵守活动纪律，服从指挥。

★ 集体活动时最好统一着装，这样目标明显，便于互相寻找，以防掉队。

★ 要准备充足的食品和饮用水，以及一些常用的治疗感冒、外伤、中暑的药品。

★ 要准备好手电筒和足够的电池，以便夜间照明使用。

★ 要穿运动鞋或旅游鞋，不要穿皮鞋。穿皮鞋长途行走，脚容易起泡。

★ 不要采摘、食用野生蘑菇和野果等，以免发生食物中毒。

3. 登山时

　　登山是健身运动，但也是一项很危险的运动。同学们在登山的时候，一定要提高警惕。

安全守则

★ 登山时要由老师或家长带领，集体行动。

★ 要选择安全的登山路线。

★ 登山前要了解天气情况，雨天路滑，不宜登山。

★ 登山除了携带食物和水外，最好随身携带一些急救药品和用具，如云南白药、创可贴、纱布、绷带等，以便及时处理意外损伤。

★ 登山要穿比较宽松的服装和运动鞋，以便活动，同时要少带行李，轻装前进，以免过多消耗体力。

★ 登山时千万不要东张西望，更不要追逐打闹，一定要看准、走稳；背包不要手提，要背在双肩，以便解放出双手进行抓攀。

★ 登山运动会消耗大量的热量和水分，要根据自身体能适当补充食物和水分。

★ 不要边走路边拍照，以免踏空；也不要在危险的悬崖边照相，以免发生意外。

★ 行进中遇到雷雨时，不要到河边或沟底避雨，因为那里可能会有山洪发生，同时不要到山顶的树下避雨，应就近找个山洞暂时躲避。

★ 登山队伍不可拉太长，应经常保持可前后呼应的状态。

★ 迷路时应折回原路，或寻找避难处静待救援，以减少体力的消耗；在山地行进，为避免迷失方向、节省体力、提高行进速度，应力求有道路不穿林翻山，有大路不走小路。

★ 切勿让身上的衣物受潮，以免体温散失。

紧急自救

登山过程中身体可能会发生一些损伤，比较常见的有皮肤擦伤、关节扭伤等。

● 当皮肤被擦伤时，可使用清水冲洗伤口，然后涂擦碘伏或紫药水，再使用创可贴等保护创面；当伤口较深并伴有出血时，要用清水冲洗伤口，然后使用云南白药进行止血，再用纱布、绷带等包扎伤口；如果出血较快，则要加压包扎伤口，然后及时下山就医。

● 关节损伤中以踝关节扭伤最为常见。踝关节扭伤后要及时制动，使用护踝、弹力绷带固定踝关节，防止损伤加重；如果条件允许，可以使用冰块冷敷，以减少毛细血管出血，防止关节肿胀加剧；下山后再到医院进行深入检查。

1

社会生活篇 —— 在野外

143

4. 在海滩上玩耍时

如果夏季你去海边玩耍，一定要注意防晒。夏天的日照比较强烈，轻则会使皮肤中的水分流失，导致皮肤干燥；重则会引起皮肤发炎，可千万不能小看。

安全守则

★ 去海滩前要把防晒霜涂抹在暴露的皮肤上，为防止汗水把防晒霜冲掉，应该每隔几个小时就涂一次。

★ 要避免在上午11时到下午3时在阳光下暴晒，因为这段时间的紫外线最强，杀伤力也最大。

★ 日晒使人体内的水分大量蒸发，身体容易脱水，所以应该喝大量的水来补充身体失去的水分。

✚ 紧急自救

● 当皮肤被晒伤后，可以涂抹一些芦荟胶，防止脱皮，修复晒伤的皮肤。

● 如果日晒后出现皮肤疼痛、肿胀、起水泡等症状，甚至在12小时内出现发烧、发冷、头昏眼花、反胃等症状，就要尽快去医院治疗。

5. 野餐时

　　在大自然的怀抱中野餐，本来是一件很快乐的事情，但如果不注意安全和卫生，发生了意外，那你可就快乐不起来了。

★ 野餐地点应选择在平坦、干净、背风、向阳的场地，避开尘土和马路。

★ 地上要铺上干净的塑料布，四周用石块压紧，以防被风掀起或使蚂蚁等小动物爬到上面；最好自备一些洗净的、卫生且不易变质的食物，同时注意餐具卫生。

★ 不要采摘野菜、野果等食用，以防食物中毒。

★ 不要吃未熟的食品，也不要吃生冷的食物。

★ 尽量不要喝生水，野外的水流即使看起来非常清澈，也很容易被病菌感染，喝了容易染上病毒性肝炎、肠炎等疾病。

★ 卤菜类食品最好当天购买，如前一天购买要放在冰箱内，出门前应加热。购买食品时应注意其生产日期和保质期，以免误食过期变质食物。

★ 注意个人卫生和环境卫生，餐前要洗手或用消毒纸巾将手擦拭干净。最好随身携带消毒纸巾供擦手和消毒餐具用。

★ 罐头、盒饭、饮料等不要一下子全倒出、摊在外面，应吃一点儿取一点儿，将剩下的盖好，以防苍蝇、虫子爬行叮咬。

★ 不要在禁止烟火的地方起炉灶，使用完点燃的炉灶要立即将余烬用水浇或土压，彻底熄灭。

★ 尽量不要吃烟熏火烤的食品。因为在篝火上烧烤各种肉类，会生成大量的多环芳烃。这种物质一部分来自熏烤时的烟气，但主要是来自焦化的油脂。同时熏烤的食物中还有一些亚硝胺化合物，而这种物质容易致癌。

🔊 特别提示

野生蘑菇不要吃

我们平时在市场上买来的蘑菇大都是人工养殖的，经过了食品安全检验，可以放心食用。但很多野生蘑菇含有毒素，一旦误食就会致命。毒蘑菇很难分辨，因此最好的预防办法就是不吃野外采摘的蘑菇。

6. 食物中毒时

　　食物不都是美味的，吃了腐败变质或不干净的食物，或者在野外贪吃某些"野味"，都有可能引发食物中毒。食物中毒后，轻则引起腹痛、腹泻及呕吐，重则会发生休克。所以一定要严把食品质量关，以防病从口入。

📷 紧急自救

　　发现自己或别人食物中毒时，不要惊慌，可针对导致中毒的食物和食用时间长短来采取下列应急措施：

- 如有毒食物吃下去的时间在两小时以内，可采取催吐的方法，用筷子、汤匙柄或手指等刺激咽喉，引发呕吐。

- 如有毒食物吃下去的时间超过两个小时，且精神尚好，则可服用泻药，使有毒食物排出体外。

- 催吐后，对于胃内食物较少的中毒者，可取食盐20克，加开水200毫升，冷却后喝下，一次或数次将毒素排出。

- 如果是吃了变质的鱼、虾、蟹等引起食物中毒，可用鲜生姜捣碎取汁，用温水冲服或者服用绿豆汤进行解毒。

- 如果误食了变质的饮料或防腐剂，可服用鲜牛奶或其他含蛋白质的饮料解毒。

- 经以上急救，病情未见缓解或者中毒非常严重的，则须马上就医。

知道多一点

常见垃圾食品及其危害

- 油炸类食品，如油条、炸薯条，其加工过程会破坏食物中的维生素，淀粉类油炸食品大多含有致癌物质丙烯酰胺。

- 腌制类食品，如泡菜、酸菜，会刺激肠胃，损害消化系统。因含盐分过高，多吃可能导致高血压。

- 加工类肉食品，如肉干、肉松、香肠，因含有致癌物质亚硝酸盐和大量防腐剂，容易加重肝脏负担。

- 饼干类食品，热量过多，营养成分低。有些品种的饼干中食用香精和色素的含量过多，会对肝脏造成负担。

- 碳酸饮料，会使人体内大量的钙流失，含糖量过高，影响正常饮食。

- 方便面和膨化食品，盐分过高，含防腐剂、香精，容易损伤肝脏。

- 罐头类食品，其加工过程会破坏维生素。

- 蜜饯类食品，如果脯，含致癌物质，盐分或糖分过高，含防腐剂、香精，容易损伤肝脏。

- 冷冻甜品，如冰激凌，含奶油过多，易引发肥胖。有些品种还可能含有大量反式脂肪酸。

- 烧烤类食品，如各种烤串，含致癌物质，比香烟毒性更大，导致蛋白质炭化，加重肾脏、肝脏的负担。

7. 中暑时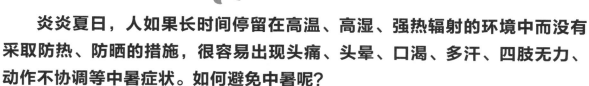

　　炎炎夏日，人如果长时间停留在高温、高湿、强热辐射的环境中而没有采取防热、防晒的措施，很容易出现头痛、头晕、口渴、多汗、四肢无力、动作不协调等中暑症状。如何避免中暑呢？

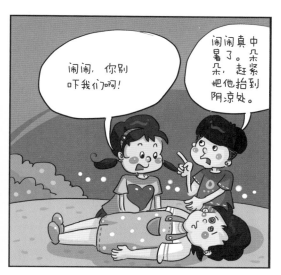

安全守则

★ 夏季要尽量减少在烈日下暴晒的时间，外出时最好穿浅色衣服，准备好遮阳帽、遮阳伞、太阳镜等，涂上防晒霜，以减少紫外线照射。

★ 外出时可随身携带淡盐水或绿豆汤，以作解暑之用，还可备一些藿香正气软胶囊之类的药品，以缓解轻度中暑引起的症状。

★ 夏季不宜剧烈运动，以防流汗过多导致中暑。

★ 室内长时间高温且不通风也会引起中暑，要避免处于这样的环境之中。

★ 及时补充蛋白质。可选择新鲜的鱼、虾、鸡肉、鸭肉等脂肪含量少的优质蛋白质食品，还可以吃些豆腐、土豆等富含植物蛋白的食物。

★ 出汗过多时，应适当补充一些钠和钾。钠可以通过食盐、酱油等补充，含钾高的食物有香蕉、豆制品、海带等。

★ 随时喝水，不要等口渴了再喝，但是不要过多地吃冷饮。

★ 多吃苦味菜，如苦瓜，有利于泄暑热和祛暑湿。

★ 多洗澡或用湿毛巾擦拭皮肤。

⊕ 紧急自救

● 一旦中暑，要迅速离开引起中暑的高温环境，选择阴凉通风的地方，把头和肩部抬高，解开衣服平卧休息；同时要及时补水，这不仅可以降温，还可以防止身体脱水；但不能大量饮用清水，因为这会进一步降低体内电解质的有效浓度，从而加重病情；饮水以淡盐水为最佳，或者选择茶水和绿豆汤。

● 中暑者如果发生休克，要尽量少予以搬动，应将其头部放低，脚稍抬高。

● 重度中暑者要立即送医院治疗。

🔊 知道多一点

人为什么会中暑

正常人体在下丘脑体温调节中枢的控制下，产热和散热处于动态平衡，体温维持在37℃左右。当人在运动时，机体代谢加速，产热增加，人体借助于皮肤血管扩张、血流加速、汗腺分泌增加以及呼吸加快等，将体内产生的热量送达体表，通过辐射、传导、对流及蒸发等方式散热，将体温保持在正常范围内。当气温超过皮肤温度（一般为32℃~35℃），或环境中有热辐射源（如电炉、明火），或空气中湿度过高通风又不良时，机体内的热量难以通过辐射、传导、蒸发，对流等方式散发，甚至还会从外界环境中吸收热量，造成体内热量贮积，从而引起中暑。

8.迷路时

如果你和爸爸、妈妈到野外游玩迷失了方向，不要惊慌，因为大自然中有很多指南针，会帮助你辨别方向。

安全守则

★ 问路：迷路之后首先要往有人的地方走，可以打听路。

★ 辨别方向：如果见不到人，可先辨别大致方向，往正确的方向前进。

★ 寻找原路：仔细回忆刚才走过的路是否有一些明显的建筑标志，然后凭着记忆找寻原路。

★ 呼救：也可打电话或者呼叫求救，但次数不要太频繁，呼叫要拉长声音。

★ 发求救信号：如果有人来找你，要向他传递信号，白天可以点燃树叶或植物生烟，夜晚可以用手电筒向天空反复照射，或者点燃明火，告诉对方你的方位，以便对方尽快找到你；但要注意不要引发火灾。

★ 找安全处露宿：如果天色很晚，又没有人来救你，要赶紧找个安全的地方露宿。要找那些蚊虫少、不易被野外动物袭击的地方。

 知道多一点

巧识方向

- 看树叶：

  白昼看树叶。阳光充足的一面枝叶茂盛，少见阳光的一面树叶稀少，所以树叶稠密的一面是南，稀疏的一面是北。

- 看积雪：

  冬天看积雪。南方太阳光强，积雪融化快；北方太阳光弱，积雪融化慢。

- 找北极星：

  夜晚看北极星。北极星位于正北天空，晴天的夜晚，只要找到北极星，就知道北方在哪儿了。

- 使用指南针：

  把指南针水平放置，待磁针静止后，其标有"N"的一端所指为北方，标有"S"的一端所指为南方。

9. 被蚊虫叮咬时

　　夏季外出旅游，尤其是在水边或野外旅游，很容易被蚊虫叮咬。多数情况下，被蚊虫叮咬后不会有严重的后果，但如果你对某种昆虫的毒素过敏或遭到大批蚊虫叮咬，那就有可能危及身体健康了。

🌂 安全守则

★ 在野外时，应尽量穿长袖上衣和长裤，并扎紧袖口，皮肤暴露部位要涂抹防蚊虫药（如风油精）。

★ 旅游时，尽量不要在潮湿的树荫下、草地上以及水边坐卧，也不要在河边、湖边、溪边等靠近水源的地方扎营，这些地方蚊子会更多。

★ 行走的时候尽量不要在草丛当中穿行，因为草丛是蚊虫的"家"；如果一定要穿行草丛，最好先把裤管扎好，以防蚊虫乘虚而入。

⊕ 紧急自救

● 如果被蚊虫叮咬了，可用西瓜皮反复涂抹被叮咬部位，再用清水洗净，几分钟就能止痒，并很快消肿。

● 可将1至2片阿司匹林捣碎，用少许凉开水溶化，涂在被蚊虫叮咬的地方，马上就可止痒。

● 可以用清水冲洗患处，然后抹上一点儿洗衣粉，可立即止痒消肿；用肥皂水或用香皂蘸水涂抹红肿处，也可以迅速止痒。

● 可将维生素B_2片碾成面儿，用医用酒精调和，涂在皮肤暴露部位或红肿处，这种方法既能预防，又能治疗。

● 可先用手指弹一弹被叮咬处，再涂上花露水、风油精等。

● 用盐水涂抹或冲泡痒处，这样能使肿块软化，还可以有效止痒。

● 可切一小片芦荟叶，洗干净后掰开，在红肿处涂搽几下，就能消肿止痒。

● 采取上述应急措施没有效果或被叮咬严重时，要立即就医。

！ 真实案例

拍死正吸血的蚊子很危险

《新英格兰医学杂志》曾报道，美国宾夕法尼亚州一名57岁的妇女因为打死了一只蚊子，造成肌肉受到小孢子虫属真菌感染而死亡。

拍死一只正在吸血的蚊子会导致死亡，这简直骇人听闻。有专家分析，蚊子吸血时会在皮肤表面留下一个伤口。当蚊子正在吸血时，如果突然被人拍死，它的口器来不及拔出，那么人皮肤上的伤口就不会愈合。而蚊子身上所携带的致命真菌，可能就会通过还没来得及愈合的伤口，侵入人体内引起细菌感染。当然，如果人身上本来就有伤口，感染了被拍死的蚊子携带的真菌后，也会很危险。

10. 遭遇毒蛇时

很多人都谈"蛇"色变，因为毒蛇对人的伤害很大。其实蛇也怕人，只要我们提高警惕，并做适当的防护，许多蛇伤是可以避免的。

安全守则

★ 多数蛇生活在阴凉、潮湿的地方，通常在下雨前后、洪水过后出洞活动，这些时候要特别留意。

★ 当碰到蛇时，不要惊慌。应该轻轻移动，迅速离开，因为毒蛇怕人，受惊后会迅速逃跑，一般不主动向人发动攻击，被人误踩或碰撞时才会咬人。另外，蛇的视力非常差，在1米以外的静态事物，它很难看见。

★ 被蛇追赶时，一定不要沿直线方向逃跑，应跑"S"形路线躲避，因为蛇变向的速度没有人快。同时蛇的肺活量特别小，爬行一小段路后，就会体力不支。

- 被蛇咬伤后不要慌张，应马上检查伤口。无毒蛇咬伤不用特殊处理，往伤处涂点红药水或碘酒就可以了。
- 如果肯定是毒蛇咬伤或当时不能判断咬人的蛇有没有毒，就应按毒蛇咬伤处理：将被咬部位靠近心脏的一端用绳子扎紧，用刀切开伤口，用手指挤压，排出毒素；或者用嘴吮吸毒液（注意嘴里不能有破损），然后吐掉并且漱口，再用大量的清水冲洗伤口，最后将伤口包扎好；急救处理后尽快到医院治疗。

🔊 知道多一点

毒蛇和无毒蛇

蛇可分为毒蛇和无毒蛇两大类。毒蛇口内有长长的毒牙，脖子比较细，长着三角形的头，尾巴较短；无毒蛇的头比较圆，和脖子基本一样粗，尾巴细长。无毒蛇咬人留下的牙印细小，排成"八"字形的两排；而被毒蛇咬伤后皮肤上常见两个又大又深的牙印。

❗ 真实案例

不死的蛇头

国外有个男子在丛林中遭遇了一条毒蛇，一番较量后男子砍下了蛇头。原以为没什么事儿了，不料被砍掉头的蛇身还在不停地蠕动，尾巴还在左右摆动。突然，当尾巴摆动到被砍下的蛇头边上时，明明已经没有动静的蛇头猛地一口咬住了自己的身体。蛇头和蛇身此时像是两个完全不相关的东西，蛇头狠狠地咬而蛇身则开始拼命甩动，想甩脱蛇头。尽管蛇身拼命甩动，但蛇头还是没有松口。男子用棍子捅了捅，发现蛇身被咬得很紧。过了很久，蛇头才因彻底失去力气而松了口。

大家一定要记住：蛇就算被斩掉头部，仍然具有一定的攻击能力。

11. 遭遇毒蜂时

在野外游玩时，你遇到过蜂群吗？如果遇到一群毒蜂，被它们蜇伤可不是一件小事，因为很多毒蜂毒性都很大，要及时采取急救措施才行。

157

安全守则

★ 在野外遇到蜂群，不要故意招惹，要注意"避蜂"，不打蜂，不追蜂。

★ 遇到蜂群一定不能跑，跑得越快，蜂群追赶就会越凶，还会引来更多的蜂；另外，人跑的速度也不及蜂飞的速度。

★ 遇到蜂群，正确的处理办法是，立即趴下或抱头蹲下，用书包、衣物或者手臂遮挡身体裸露部位，特别要护住头颈和面部，因为蜂喜欢攻击人的头部。

- 如果螫刺和毒囊仍遗留在皮肤里，可用针挑拨拔除或用胶布粘贴拔除，不能挤压。
- 明确是被马蜂（黄蜂）、虎头蜂、竹蜂等蜇伤，伤处应用弱酸性溶液，如食醋或浓度为0.1%的稀盐酸等洗涤、外敷，以中和碱性毒素。
- 明确是被蜜蜂、泥蜂、土蜂等蜂蜇伤，伤处可用弱碱性溶液，如肥皂水或浓度为2%～3%的碳酸氢钠水、淡石灰水等洗涤、外敷，以中和酸性毒素。
- 如果中毒严重，应立即就医。

！ 真实案例

遭遇毒蜂

2013年9月24日下午，家住宜宾珙县上罗镇二龙村的7岁女孩周某与被别人领养的亲姐姐孙某在放学回家途中坐在一块石头上休息。

周某突然发现自己的眼皮和手上被毒蜂蜇了一下，叫了一声"好痛"，然后伸手去拍打；孙某也发现有毒蜂飞到自己的身上。

接着，成群的毒蜂往她们身上袭来，两个小女孩吓得哇哇大哭。一位路人叫姐妹俩快趴到地上，不要动。但由于大量的毒蜂在周某身上蜇，周某不断地扭动哭闹。

听了路人的劝告，孙某趴在地上忍痛没有动。而周某在地上不停地翻滚，加速了毒蜂的袭击。

直到最后，孙某的养父赶来徒手拨开毒蜂，将两个女孩送往医院。结果周某伤重死亡，孙某因多脏器功能损害被下了病危通知书。

这个案例警示我们：被毒蜂蜇中，应以静制动，一般耐心静候10~20分钟，待毒蜂恢复平静之后，再慢慢退出这"是非之地"，才可减少伤害，否则后果不堪设想。

12. 被小草划伤时

　　小草看起来柔弱，没有攻击力，其实暗藏杀机。草上往往带有很多细菌和农药残留物，被草划伤也会过敏或中毒，千万不可小觑。

紧急自救

● 一旦被草划伤，要尽快对患处进行消毒，可以用肥皂水清洗伤口，也可以用消毒水对其进行消毒。

● 如果伤势不是很严重，可以自己涂抹一些药酒，消炎止痛。

● 如果伤势严重，则要去医院进行治疗。

13. 被水草缠身时

　　一般在江、河、湖泊较浅或靠近岸边的地方，常有淤泥或杂草。水草不仅韧性大，而且分布凌乱，它会缠住人的手脚，对人造成伤害。应尽量避免到这些地方野浴，以免救护不及溺水身亡。

紧急自救

● 如果不幸被水草缠住或陷入淤泥，首先要保持冷静。千万不要踩水或乱动手脚，否则肢体可能会被越缠越紧，或者在淤泥中越陷越深。

- 可以将身体平卧在水面上，并将两腿分开，慢慢地用手将水草从腿上往下捋，就像脱袜子一样。
- 摆脱水草后，要尽快离开水草丛生的地方。
- 自己无法摆脱时，应及时呼救。

14. 溺水时

　　在我们的日常生活中，溺水事故时有发生。不会游泳的同学要当心，会游泳的同学也不要存在侥幸心理，因为溺水的往往是会游泳的人。一旦发生溺水事故，该如何自救呢？

安全守则

★ 过饥、过饱时，不应下水游泳；感冒发烧、身心疲惫时也不要去游泳，否则容易加重病情，发生抽筋、昏迷等意外情况。

★ 下水前要观察周围的环境，若有危险警告，千万不能冒险下水。

紧急自救

● 落水后一定不要慌张，切勿乱动手脚、拼命挣扎，这样既浪费体力，也更容易下沉。

● 落水后如果发现周围有人，要调整呼吸，大声呼救。

● 如果周围没有人，则要实施自救：憋住气，用手捏着鼻子，避免呛水；及时甩掉鞋子，扔掉口袋里的重物；身体尽量保持直立状态，头颈露出水面，并且双手还要作摇橹划水状，双腿要在水中分别蹬踏划圈儿，以此加大浮力；如果发现有比较坚固的物体，则要用力抓住此物体，以防身体被流水冲走。

真实案例

救人别逞强

某年春节，在南方的一个水塘里，发生了一大惨剧：5个孩子同时被淹死了！起初，谁也不知道这是怎么回事。

后来，警察进行了勘察，发现事故是这样发生的：先是有一个孩子掉进水塘里了，但他不会游泳；另一个孩子情急之下跳下水塘，想去救他，而这第二个孩子力不能支，在水里扑腾，眼看也自身难保了；随后，另外三个孩子也相继跳到水中……

就这样，5个孩子都掉进水塘里淹死了。多悲惨啊！

在众多的儿童溺水事件中，常常是一个孩子遇险，其他孩子施救，救不了别人反而搭上了自己的性命，结果造成更多伤亡。所以同伴溺水，不要贸然下河施救，而要在岸上呼救、报警，抛木板、竹竿或救生圈等相救，一定要请大人帮忙。

15. 身陷沼泽时

如果你身处湖边、江畔、草地、泥潭等地方，千万要当心沼泽，一旦不小心掉进去，就会有生命之忧。所以有必要学会应对沼泽。

紧急自救

- 一旦陷入沼泽，如果附近有人，要及时呼叫求助；千万不要胡乱挣扎，脚不要使劲儿往外拔；应将身体向后仰，轻轻跌下，并张开双臂，尽量将身体与泥潭的接触面积扩大，使身体浮于沼泽表面，随后小心移动到安全地带，每动一下都要让泥浆充分流到四肢底下，以免泥浆之间产生空隙，身体被吸进深处。

- 疲倦时，可以保持仰泳姿势休息片刻，再坚持慢速平稳移动，直至脱离危险。

- 一定不要单脚站立，这样非常容易加快下陷的速度；如果脚已经开始往下陷，则要慢慢躺下，并且将脚轻轻拔起。

1. 使用电脑时

電脑给我们带来了极大的快乐与方便，但是，"电脑病"却是21世纪威胁人类的一大杀手。长时间使用电脑，不仅影响人的视力，而且影响身体健康。虽然不接触电脑已不可能，但我们可以采取有效的措施预防电脑给我们带来危害。

安全守则

★ 使用电脑一定要适度，做到劳逸结合。每次在屏幕前浏览最好不要超过半个小时，每隔一段时间最好活动一下筋骨，到户外呼吸一下新鲜空气。

★ 操作时坐姿要端正、舒适，眼睛要和屏幕保持合适的距离。

★ 使用电脑时光线要适宜，屏幕设置不要太亮或太暗，房间里的光线也不能太暗，以免对眼睛造成伤害。

★ 每次用完电脑后，要用清水洗手、洗脸，以减少电磁辐射。

2. 玩电脑游戏时

你的父母反对你玩网络游戏吧？都是那些不良的网络游戏惹的祸！其实网络游戏有利有弊，但一定不能过度沉溺其中。那么要怎么玩儿才不会伤害到自己，父母也不会反对呢？

★ 要坚决抵制含有色情、暴力等内容的不良游戏。

★ 要学会自我控制，在不影响正常生活、学习的情况下使用网络。

★ 要合理安排玩游戏的时间，一定要适度，不要沉迷其中，玩物丧志。

★ 玩游戏要选择良好的环境。一定不要进网吧，因为很多网吧环境恶劣、空气混浊，长时间处于这种环境会影响身体健康；同时网吧人员复杂，容易出现意外。

给家长的话

　　网络是一把双刃剑。作为家长，既不能因为网络的积极作用而放任不管，也不能因为它的负面影响而一味地阻止孩子上网。要多了解、关心孩子的上网情况，指导他们正确对待网络，为孩子正确使用网络保驾护航。

1. 给孩子推荐一些健康、有益、适合少年儿童进入的网站，同时鼓励他们利用教育网站寻找资源，进行自主学习，如对语文学科感兴趣的同学，可以让他们在网上欣赏佳作。

2. 引导孩子认真学习《全国青少年网络文明公约》，促其懂得是非，增强网络道德意识，并教会他们如何分辨网络中的有害信息，以免他们在网络中"迷失"。

3. 在引导孩子上网时，应避免只围绕学习这一项内容，要善于发现并抓住孩子的兴趣点，引导他往这个方面发展，孩子用于玩游戏和聊天的时间就会少了。

4. 在允许孩子上网的同时，应提出如下要求：
上网的前提条件是必须圆满完成课堂作业和家庭作业；上网时家长会不定时地督促检查，防止其浏览不健康的网页或沉溺于网络游戏；严格控制其上网时间。

5. 在电脑上安装一些具有屏蔽过滤功能的软件，以屏蔽、过滤掉不适合孩子接触和浏览的网站内容。

3. 网上聊天时

网络是个虚拟的世界，鱼龙混杂，信息真假难辨，稍不留神就会陷入一些圈套，比如许多不法分子会利用网络获取他人信息作案，因此和网友聊天时要高度警觉。

安全守则

★ 尽量不要加陌生网友。

★ 不要轻易向网友泄露个人信息，如电话号码、家庭地址、学校名称以及父母身份、家庭经济状况等隐私问题。

★ 不要把你在网络上使用的名称、密码（如上网的密码和电子邮箱的密码）告诉网友，也不要向网友发送自己的照片，以防被不法之徒利用。

★ 聊天时如果遇到带有攻击性、淫秽、威胁、暴力等内容的话语时，不要回答或反驳，要告诉父母或通知网站工作人员。

4. 被陌生网友约见时

你一定有很多网友吧？对于那些陌生的网友可要多加留意，也许会有不法分子藏匿其中。如果陌生网友约你见面，怎么做最好呢？

安全守则

★ 不要轻信陌生网友的话，最好不要和陌生网友见面。

★ 如果非会面不可，不要自己单独去，可以由父母或其他成人陪同。

★ 如果非会面不可，见面地点最好选择在人多的公共场所，这样遇到突发情况时可以求助于周围的人。

5. 使用QQ时

　　QQ使用不当会引来被盗的麻烦，很多骗子会利用QQ对被盗者的亲朋好友行骗。所以一定要保护好自己的QQ账号。

安全守则

★ 要使用复杂、安全性较高的密码，并且定期修改。

★ 不要把自己的密码随便告诉他人。

★ 在登录QQ时，如果系统提醒你的账号出现异常，有可能是号码被盗了，此时要立刻修改密码。

★ 在每次登录QQ的时候，尽量使用QQ自带的小软键盘输入密码，这样会起到一定的防盗作用。

★ 如果是在网吧或者其他临时的地方上网，临走时一定要删除QQ的聊天记录，最好把记载你QQ号码聊天内容的文件夹整个删除，然后清空回收站。

★ 不要随意打开陌生人传给你的文件和邮件，不要轻易上一些陌生的网站。

知道多一点

常见的QQ骗术

● 免费送Q币：某些网站通过"免费送Q币""免费充值Q币"的骗术来换取访问量。

● 免费点歌：免费给用户点歌，让用户拨打指定电话号码，从而扣除高额通信费。

● 免费送QQ号：如通过在论坛上发布"免费申请6位QQ号"的广告骗取网友注册，然后盗取QQ号和密码。

● 冒充QQ好友诈骗：通过木马程序等骗取用户QQ密码后，冒充QQ好友发布各种虚假信息，如以各种名义借钱、发布带有病毒的网页等。

● 发送虚假邮件：冒充腾讯公司以系统升级为由，骗取用户输入QQ账号和密码，以盗取QQ号以及Q币。

● 发送虚假中奖信息：冒充腾讯公司发布虚假QQ中奖信息，要求用户按所提示的方式领奖，骗取钱财。

6. 设置密码时

在网络中，很多时候都需要你设置密码，密码是一道重要的安全屏障。怎样才能设置一个安全的密码呢？

安全守则

★ 为保证密码安全，要设置足够长的密码，密码组合也要复杂点儿，最好使用字母大小写混合外加数字和特殊符号组合。

★ 不要使用与自己相关的资料作为个人密码，如自己的生日、电话号码、身份证号码、姓名简写等，这样很容易被熟悉你的人猜出。

★ 不要为了防止忘记而将密码写在纸上，以防被他人看到。

★ 要经常更换密码，特别是遇到可疑情况的时候。

★ 多个网站最好设置多个用户名和密码，否则丢失一个就丢失全部。

7.遭遇色情网站时

网上有很多色情网站，内容低俗，诱惑力极强，对儿童的身心健康会产生极坏的影响，甚至诱发犯罪。

安全守则

★ 一定要高度警惕，自觉抵制，不要掉进色情网站的陷阱。

★ 一旦不小心打开了色情网页，要立即关掉，不能关闭时，可强行关机。

8. 接收邮件时

　　现在很多同学都有自己的电子邮箱，足不出户，就能瞬间收取信件，真是方便快捷呀！可你知道这个邮箱里有可能潜伏着"炸药包"吗？

🌂 安全守则

★ 当心那些题目诱人的邮件。有些险恶的黑客，往往把病毒隐藏在名字比较诱人的邮件中发给你，一旦鲁莽地打开，电脑就会遭到攻击。

★ 在接收邮件的时候，一定要看清来信的地址，不要随便打开来历不明的邮件。

★ 不要随便打开宣称免费提供价值不菲的物品的邮件，以免造成财产损失。

9. 下载软件时

　　现在很多同学都是网络高手，经常到网站上下载一些软件。有很多"骗子网站"和"钓鱼网站"，其中很多免费软件是糖衣炮弹，有的设计含有缺陷，有的带有病毒，要时刻保持警惕。

安全守则

★ 不要轻易在网站上下载不明软件。

★ 不要轻易在不熟悉的网站或可疑网站上下载软件，需要下载软件时，要选择正规的网站。

10. 离开电脑时

当你在电脑前坐久了，一定要站起来活动一下，向远方眺望眺望，到外面走一走。但离开电脑时，可千万别迷糊，想一想，忘了什么？

 **安全守则**

　　在学校或其他公共场所上网后离开电脑前一定要关闭QQ、电子邮箱等页面及浏览器，以免你的个人信息保留在电脑上被别有用心之人看到。

❶ 地震

❷ 海啸

❸ 洪水

❹ 泥石流

02 自然灾害篇

ZIRAN ZAIHAI PIAN

❺ 台风

❻ 沙尘暴

❼ 雷电

❽ 雪灾

❾ 冰雹

❿ 大雾

1. 地震

21世纪，中国人民有着一段刻骨铭心的记忆：2008年5月12日，一场突如其来的灾难降临，四川省汶川县发生了里氏8.0级的强烈地震。一时间山崩地裂，近7万人不幸丧生！地震，震在地上，痛在心里！要想从地震中争夺生命权，我们就必须充分掌握关于地震以及避震脱险的科学知识。

 认识地震

地球的表面是一层岩石薄壳，叫作地壳。地壳不断受到来自地球内部的压力，当压力达到足够大时，地壳中的岩层会发生倾斜、弯曲，甚至断裂，把长期积累的能量急剧释放出来。这

些能量以地震波的形式向四面八方传播，引起大地的强烈震动，就形成了地震。绝大多数地震都是由这种原因引起的。有时火山喷发、岩洞崩塌、大陨石冲击地面等特殊情况，以及工业爆破、地下核爆炸等人类活动也会引发地震。地震波发源的地方，叫作震源。一般震源离地面越近，破坏性就越大。地震是自然灾害中的首恶，大地震的破坏力相当惊人，地面产生强烈的震动，能在几分钟甚至几秒钟内使地面出现裂缝、塌陷或隆起，造成道路断裂、铁轨扭曲、桥梁折断、建筑物倒塌，甚至把城市变成废墟。

⊡ 紧急自救

地震发生时的情况十分复杂，抓住时机、冷静判断、迅速避震，是在地震中求生的关键。而不同情况下的自救方式又不相同。

在家中

● 身处高楼：千万不要往阳台、楼梯、电梯跑，也不要盲目跳楼逃生。因为阳台、楼梯是楼房建筑中拉力最弱的部位，而电梯在地震时则会卡死、变形，跳楼就更加危险了。要远离门窗和外墙，迅速躲进管道多、支撑性好的厨房、卫生间、储存室等面积较小的空间内，这些地方不易塌落；也可以躲避到结实的桌子、床、家具旁边，或墙根、墙角等处，蹲下，抱头。

● 身处平房：能跑就跑，如果正处在门边，可立刻跑到院子外的空地上，蹲下，抱头；如果来不及跑，就赶快躲到结实的桌子下、床下或紧挨墙根、坚固的家具旁，趴在地上，尽量利用身边的物品，如棉被、枕头等，保护头部。

在学校里

● 在学校里遇到地震时，如果正在教室里上课，不要慌乱，要迅速在课桌旁蹲下，用书护住头，或者在讲台下、墙角处蹲下，抱头，闭上眼睛；千万不要推挤着往外跑或跳楼。

● 如果正走在楼梯上，要迅速靠墙角或走到两墙的三角处蹲下，抱住头部。

● 如果在操场上，要原地不动，迅速蹲下，抱住头部。

● 震后稍平稳下来时，要在老师的组织下有序地撤离教室，在远离建筑物的操场上集合。

在公共场所

在公共场所遇到地震时，最重要的是不要慌乱，要有秩序地采取避震行动，不要盲目拥向出口；若人群拥挤，应双手交叉抱在胸部，保护自己，用自己的肩、背部承受拥挤压力；被挤在人群中无法脱身时，要跟随人群向前移动，注意不要摔倒。

- 在商场里：要在结实的柜台、柱子、墙角等处就地蹲下，用身边的物品或双手护住头部；不要站在高而不稳或摆放重物及易碎品的商品陈列橱边；不要站在吊灯、广告牌等悬挂物下面；地震过后，有秩序地撤离。
- 在影剧院里：不要乱跑，要马上蹲下或趴到座椅下面；如果靠近墙，可躲避在墙根、墙角处；要尽量避开吊扇、吊灯等悬挂物品。
- 在体育场（馆）中：不要拥挤着向外跑，要有秩序地从看台向场地中央疏散；要选择安全的避震逃生路线。
- 在电梯中：地震发生时逃生不能乘电梯；万一在搭乘电梯时遇到地震，被关在电梯中，要紧靠厢壁蹲下，护住头部；震后平稳时，再通过敲击、呼喊求救。

乘车时

- 乘坐公共汽车时：应躲在座位附近，紧紧抓住座椅，降低重心，并用衣物护住头部；地震过后，有秩序地从车门下车。
- 乘坐火车时：应迅速趴到座椅旁，抓住座椅，或用双手护住头部，将身体缩在一起，降低重心。
- 乘坐地铁时：如果坐在座椅上，应注意保护自己的头部；地震造成停电时，不要慌乱，要在有关人员的指挥下有秩序地撤离，避免拥挤踩踏。

在郊外

- 在郊外遇到地震时，要尽量找空旷的地带躲避，远离山脚、陡崖等危险地带。
- 当遇到山崩、滑坡时，应沿斜坡横向水平方向撤离，躲到结实的障碍物或地沟、地坎下。

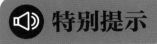 **特别提示** •

身体被埋时怎么办

　　当身体被埋时，要稳定情绪，坚定逃生的信心，尽量改善自己所处的环境；要设法避开身体上方不结实的倒塌物、悬挂物或其他危险物，搬开身边可移动的碎砖瓦等杂物，扩大活动空间。注意，搬不动时千万不要勉强，以防周围杂物进一步倒塌。要设法用砖石、木棍等支撑残垣断壁，以防余震时再被埋压。闻到煤气及有毒异味或灰尘太大时，要设法用湿衣物捂住口鼻。不要大喊大叫，要保存体力，努力延长生存时间。当听到废墟外面有声音时，要呼救或不间断地敲击身边能发出声音的物品，如金属管道、砖块等，要想尽一切办法让外边的人知道你被埋的位置。

🔊 知道多一点

震前动物预兆

震前动物有先兆，发现异常要报告；

牛马骡羊不进圈，猪不吃食狗乱咬；

鸭不下水岸上闹，鸡飞上树高声叫；

冰天雪地蛇出洞，老鼠痴呆搬家逃；

兔子竖耳蹦又撞，鱼儿惊慌水面跳；

蜜蜂群迁闹哄哄，鸽子惊飞不回巢。

安全童谣

地震自救歌谣

地震来了不要急，安全地方来躲避；

身处平房往外跑，远离户外危险区；

逃跑若是来不及，躲到桌下或床底；

蹲下身来抱住头，晃动过后再逃离；

万一被埋别紧张，先防身体少受伤；

找水找食找出口，保存体力等救援。

2. 海啸

　　大海有时候温柔平静，令人陶醉，可是海啸到来时，顷刻间便会涌出惊涛骇浪，面目狰狞。

　　2004年在印度洋海啸发生时，一名年仅10岁的英国小姑娘，凭借敏锐的观察力以及在学校里掌握的地理知识，预测到这不是一般的惊涛骇浪，而是海啸到来的前兆，因此她立即要求父母和周围的人迅速离开沙滩，使得数百人死里逃生。

　　同学们一定要像这位小姑娘一样，多掌握一些海啸救生知识。尽管我们不能阻止海啸，但我们却可以凭借智慧，将海啸造成的伤害降到最小。

认识海啸

　　海洋中火山爆发，或海底发生强地震、塌陷、滑坡时，会引发具有强大破坏力的海浪运动，这就是海啸。海岸巨大山体滑坡、小行星溅落地球海洋、水下核爆炸也可以引起海啸。其中，海底地震是海啸发生的最主要原因，历史上特大海啸基本上都是海底地震引起的。海啸作为地震的次生灾害，其破坏力要远大于地震。

　　海啸具有强大的破坏力和杀伤力，它掀起的海浪高度可达十多米甚至数十米，犹如一堵"水墙"。这种"水墙"内含有极大的能量，冲上陆地后可以席卷树木、摧毁房屋、吞没生命，对人类生命和财产造成严重威胁。

　　2004年12月26日，强达里氏9.1~9.3级的大地震引发的海啸袭击了印尼苏门答腊岛海岸，持续长达10分钟，甚至危及远在索马里的海岸居民，仅印尼就有16.6万人死亡，斯里兰卡3.5万人死亡，印度、印尼、斯里兰卡、缅甸、泰国、马尔代夫和东非共有200多万人无家可归。

紧急自救

● 快速远离海岸：沿海地区一般都设有海啸预警中心，在海啸来临前给当地民众发出警报，提醒大家提前撤离。但大多数海啸是突然来临的，因此一旦发生地震或是海面出现异常情况，就要立刻撤离，远离海岸。

● 到高处去：海啸最高速度可达每小时1000千米。因此，海啸来临时要想幸免于难，得快速往高的地方去，如海边坚固的建筑物高层，或地势较高的山坡和大树等处所。

● 抓紧漂浮物：海浪袭来时，不仅速度快，冲击力也很大，会在瞬间推倒建筑，甚至将百年老树连根拔起。不过，有一些树木、路灯、建筑会抵挡住海浪的袭击。因此，在海啸来临而没有机会逃往高地时，可紧紧抓住或抱住身边的漂浮物，如树木、床、柜子以及身边的建筑等，努力使自己漂浮在水面上，坚持到海浪退去或等待救援，不要乱挣扎，以免浪费体力。

● 向岸边移动：在海上漂浮时，要尽量使自己的鼻子露出水面或者改用嘴呼吸，然后马上向岸边移动。海洋一望无际，应注意观察漂浮物，漂浮物越密集说明离岸越近，漂浮物越稀疏说明离岸越远。

● 解除警报后再回家：许多不了解海啸的人，在第一波海浪冲击过后就以为安全了，因此离开逃生处回到家里，结果往往在接下来更强烈的海啸中丧生。不同于地震的是，海啸可能持续几分钟，也可能持续几个小时。因此，只有解除警报，危险彻底过去后才能离开藏身处。

海啸征兆

- 在沿海地区，地震是海啸的最明显征兆，地面强烈震动并发出隆隆声，预示着海啸可能袭来。
- 海水突然异常暴退或暴涨，海水冒泡。
- 海滩出现大量深海鱼类。因为深海鱼类绝不会自己游到海面，只可能被海啸等异常海洋活动的巨大暗流卷到浅海。
- 海面出现异常的海浪。与通常的涨潮不同，距离海岸不远的浅海区海面颜色突然变成白色，浪头很高，并在前方出现一道长长的、明亮的水墙。
- 海上发出类似于喷气式飞机或列车行驶的巨大声响。
- 动物行为反常，包括深海鱼浮到海滩，地面上的动物逃往高地等。

！ 真实案例

日本海啸

2011年3月11日，日本于当地时间14时46分发生了里氏9.0级地震，震中位于宫城县以东太平洋海域，震源深度20千米。日本气象厅随即发布了海啸警报，称地震将引发约6米（后修正为10米）高的海啸。后续研究表明，海啸最高达到了23米。据统计，自有记录以来，此次的9.0级地震是全世界第五高。2011年3月20日，日本官方确认地震、海啸造成8133人死亡、12272人失踪。此外，海啸对日本核电站也造成了巨大破坏，福岛第一核电站受影响最为严重，6个机组中的4个均遭到破坏

3. 洪水

　　水是生命之源，但一旦肆虐，将会成为难以阻挡的猛兽，吞噬一切。洪水被看作是自然界的头号杀手和地球上最可怕的原始力量。一旦碰到突然咆哮而来的洪水，我们必须保持冷静，采取科学的措施进行自救。

🌂 认识洪水

　　洪水通常泛指大水，广义地讲，凡超过江河、湖泊、水库、海洋等容水场所的承纳能力的水量剧增或水位急涨的水流现象，统称为洪水。洪水灾害往往是由河流湖泊和水库遭受暴雨侵袭引起洪水泛滥造成的，也可能是海底地震、飓风以及堤坝坍塌等造成的。中国幅员辽阔，形成洪水的气候和自然条件千差万别，影响洪水形成的人类活动也不一样，因而形成了多种类型的洪水：按地区可分为河流洪水、暴潮洪水和湖泊洪水等；按成因可分为暴雨洪水、风暴潮、融雪洪水、冰川洪水、冰凌洪水、溃坝洪水等；另外还有混合型洪水，如暴雨和融雪叠加形成雨雪混合型洪水。洪水灾害是世界上最严重的自然灾害之一。洪水往往分布在人口稠密、农业垦殖度高、江河湖泊集中、降雨充沛的地方。

⊕ 紧急自救

- 登高躲避再转移：洪水到来时，如果来不及撤离，要就近迅速向山坡、高地、楼房、避洪台等地转移，或者立即爬上屋顶、楼房高层、大树、高墙等高的地方暂避，再找机会向安全地带转移。但不要爬到泥坯房的屋顶避难。
- 高压电线勿触碰：发现高压线铁塔倾斜或者电线断头下垂时，一定要远离，以防触电；不要爬到带电的电线杆或铁塔上逃生。
- 落水抓紧救生物：如不幸被卷入洪水中，不要惊慌，要及时脱掉鞋子，减少阻力，尽可能抓住木板、树干、家具等漂在水面上的救生物，寻找机会逃生；如果没有东西可抓，应该尽量仰着身体，让口鼻露出水面，深吸气，浅呼气，使身体漂浮在水面，等待救援。
- 山洪暴发勿渡河：山洪暴发时不要渡河，以防被洪水冲走，要往与山洪流向垂直的方向撤离；同时不要在山脚下停留，因为洪水常常携带着泥沙和树木、岩石碎块等，很容易出现山体滑坡、滚石和泥石流。

🔊 特别提示

溺水者要配合他人的救助

溺水者应积极配合他人的救助。被救者与救助者互相配合才能成功。配合的方法如下：一是在水中保持镇静；二是当救助者游到自己身边时，溺水者不要乱打水、蹬水，应配合救助者，仰卧水面，由救助者将自己拖拽到安全地带；三是溺水者不要乱呼喊、招手，要保存体力，等待援救是最重要的。

儿童安全大百科 | ERTONG ANQUAN DABAIKE

4. 泥石流

人们不会忘记，2010年8月8日，咆哮而至的山洪泥石流，使美丽的"藏乡江南"甘肃舟曲顷刻间满目疮痍，数千人遇难，数万人痛失家园。有过这样惨痛的经历，面对将来可能再度来袭的泥石流，我们应该如何避险逃生呢？

 **认识泥石流**

泥石流是指在山区或者其他沟谷深壑、地形险峻的地区，由暴雨、暴雪或其他自然灾害引发的山体滑坡携带大量泥沙以及石块的特殊洪流。一般情况下，泥石流的发生有三个

条件：一是大量降水，二是大量碎屑物质，三是山间或山前沟谷地形。泥石流发生的时间一般也有三个规律：一是季节性，泥石流发生的时间规律与集中降雨的时间规律相一致，具有明显的季节性，一般发生在多雨的夏秋季节；二是周期性，泥石流的发生受暴雨、洪水、地震的影响，当暴雨、洪水两者的活动周期相叠加时，常常形成泥石流活动的一个高潮；三是突发性，泥石流的发生一般是在一次降雨的高峰期，或是在连续降雨后。泥石流流速快，流量大，破坏力强，易成灾。泥石流常常会冲毁公路、铁路等交通设施甚至村镇等，造成巨大的财产损失和人员伤亡。

紧急自救

- 向两侧山坡上跑：当处于泥石流区时，千万不能顺沟道方向往上游或下游跑，而应向两侧山坡上跑，离开沟道、河谷地带；但注意不要在土质松软、土体不稳定的斜坡停留，以免失稳下滑，应选择基底稳固又较为平缓的地方。
- 就近躲避勿上树：当泥石流发生来不及逃离时，可就近躲在结实的障碍物下面或者后面，要特别注意保护好头部；但上树逃生不可取，因泥石流不同于一般洪水，它流动时可伤及沿途的一切障碍，所以树上并不安全。

特别提示

慎入山区和沟谷

当遇到长时间降雨或暴雨时，不要进入山区沟谷游玩，应警惕泥石流的发生。

知道多一点

泥石流预兆

- 河流突然断流或水势突然加大，并夹有较多柴草、树枝。
- 深谷或沟内传来类似火车轰鸣或闷雷般的声音。
- 沟谷深处突然变得昏暗，并发生轻微震动。

5. 台风

夏日里凉风习习，我们感受到风的温顺。但风一旦变起脸来，大地生灵可就要遭殃了。风灾中最可怕的莫过于台风。台风破坏力超强，常造成人员伤亡、房屋倒塌、林木被毁和其他经济损失。一旦台风来袭，我们该如何应对呢？

☂ 认识台风

台风就是在大气中绕着一个中心急速旋转的、同时又向前移动的空气涡旋。它像个陀螺一样，一边旋转一边前进。台风的风速虽然大，但前进的速度并不快，每小时最多几十千米。成熟的台风中心，一般都有一个圆形或椭圆形的台风眼。台风眼内天气晴好，白天能看到太阳，晚上能见到星星。而在台风眼外，却是天气最恶劣、大风暴雨最强的区域。我国是世界上受台风影响最多的国家之一，每年都有台风登陆，多数在夏季。

安全守则

★ 台风来临时，不要在户外玩耍，应该尽快躲进安全的室内。

★ 必须外出时，要穿好雨衣，戴好雨帽，穿上轻便防水的鞋子和颜色鲜艳、合体贴身的衣裤。

★ 行走时应该缓步慢行，不要在顺风时跑动，以免停不下来；要尽可能抓住栅栏、柱子或其他稳定的固定物行走。

★ 行走时要尽量弯腰，经过高大的建筑物时，要留意玻璃窗、霓虹灯、广告牌、花盆等高空易落物，以免被砸伤。

★ 要远离高压线、电线杆、路灯等有电的物体，以免被刮落的电线击中。

★ 不要在树下避风，否则可能会被吹倒的树或被吹断的枝丫砸伤。

★ 台风过境后不久，千万不要立刻从原来的藏身处出来活动，以免台风再次从相反方向刮来。

特别提示

如何判断台风远离

台风侵袭期间风狂雨骤时，突然风歇雨止，这有可能是台风眼经过的现象，并非台风已经远离，短时间后狂风暴雨将会再度来袭。此后，风雨逐渐减小，并变成间歇性降雨，慢慢地风变小，云升高，雨渐停，这才是台风离开了。

台风的命名

台风很粗暴，但每种台风却都有个文雅而特别的名字，如"达维""悟空""蝴蝶""玛莉亚""宝霞"等。

最开始，台风多以女性名字命名，然而这一做法遭到女权主义者的反对；后来台风的命名一度被当作气象员讽刺其不喜欢的政治人物的工具，直到1997年世界气象组织台风委员会第30次会议上规范了台风的命名：事先制定一个命名表，然后按照顺序年复一年地循环重复使用。

该命名表中共140个名字，由WMO所属的亚太地区的14个成员国和地区提供，每个成员国提供10个，按预先确定的次序排名，循环使用。

委员会规定选择名称的原则是：文雅，有和平之义，不能为各国带来麻烦，不涉及商业命名。因此各国多选择以自然美景、动物植物来为台风命名，因此有了中国传说中的神奇人物"悟空"、美丽的"玉兔"，有了密克罗尼西亚传说中的风神"艾云尼"、柬埔寨的树木"科罗旺"、马来西亚的水果"浪卡"以及泰国的绿宝石"莫拉克"等。

6. 沙尘暴

　　沙尘暴对人类来说是天使也是恶魔，它不仅给人类带来很多益处，同时带来巨大的伤害。沙尘暴出现时，风沙墙耸立，流沙弥漫，遮天蔽日。它能摧毁建筑物、伤害人畜、摧毁农田、掩埋水渠、阻碍交通……危害实在不小，千万不能小觑。

认识沙尘暴

　　沙尘暴也称沙暴或尘暴，是一种强烈的风沙天气，是指在近地面风力驱动下，裸露于地表的沙粒和尘土被刮入空中，使大气变混浊、水平能见度小于1千米的天气现象。沙尘暴的形成必须具备一定的条件：地面上的沙尘物质是沙尘暴形成的物质基础，足够强劲持久的大风是沙尘暴形成的动力条件，不稳定的空气状态是重要的局地热力条件，干旱的气候环境使沙尘暴发生的可能性增大。沙尘暴的形成也与人类活动有对应关系，人为过度放牧、滥伐森林植被、工矿交通建设，尤其是人为过度垦荒破坏地面植被，扰动地面结构，形成大面积沙漠化土地，直接加速了沙尘暴的形成和发育。

安全守则

★ 沙尘天气应尽量减少外出，若需要外出，应戴上纱巾或口罩，以免风沙对呼吸道和眼睛造成损伤；外出回来后要及时更换衣服，清洗面部，用清水漱口，清理鼻腔。

★ 沙尘天气应及时关好门窗，以防沙尘进入室内；室内要保持空气湿度适宜，以免尘土飞扬。

★ 沙尘天气能见度低，视线不好，行走要谨慎，骑车应减速慢行，注意安全。

★ 出现沙尘暴时，要远离水渠、水沟、水库等，避免落水发生溺水事故；如果伴有大风，要远离高层建筑、工地、广告牌、老树、枯树等，以免被高空坠落物砸伤。

★ 出现沙尘暴时，要在牢固、没有下落物的背风处躲避；在途中突然遭遇强沙尘暴，应寻找安全地点就地躲避。

★ 沙尘天气空气比较干燥，要多饮水，及时补充流失的水分，加快体内各种代谢废物和毒素的排出。

特别提示

沙尘天气不宜戴隐形眼镜

沙尘天气近视人群不宜戴隐形眼镜，沙尘一旦进入眼内，容易附着在隐形眼镜上，如果不注意卫生，就会导致眼睛发炎。另外，当微粒附着在隐形眼镜上时，揉眼会造成镜片的破损，破损的镜片也会划伤角膜，造成眼睛感染发炎。

7. 雷电

　　雷电是伴有闪电和雷鸣的一种常见的自然现象。可别小看雷电，它不仅仅是虚张声势地吓唬人，每年因为雷电而失去生命的大有人在。雷击已被联合国列入十大自然灾害之一。同学们一定要未雨绸缪，掌握雷雨天气的自我防护知识。

🌂 认识雷电

　　雷电一般产生于对流发展旺盛的积雨云中，因此常伴有强烈的阵风和暴雨，有时还伴有冰雹和龙卷风。积雨云顶部一般较高，可达20千米，云的上部常有冰晶。冰晶的凇附、水滴的破碎以及空气对流等过程，使云中产生电荷。云中电荷的分布较复杂，但总体而言，云的上部以正电荷为主，下部以负电荷为主。因此，云的上、下部之间形成一个电位差。当电位差达到一定程度后，就会产生放电现象，这就是我们常见的闪电现象。闪电的平均电流强度是3万安培，电流强度最大可达30万安培。闪电的电压很高，约为1亿～10亿伏特。一个中等强度雷暴的功率可达1000万瓦，相当于一座小型核电站的输出功率。放电过程中，闪电通道中温度骤增，使空气体积急剧膨胀，从而产生冲击波，导致强烈的雷鸣。带有电荷的雷云与地面的突起物接近时，它们之间就发生激烈的放电现象。在雷电放电地点会出现强烈的闪光和爆炸的轰鸣声，这就是人们看到和听到的电闪、雷鸣。

 **安全守则**

室内防雷电

★ 要关好门窗，防止雷电直击室内或球形雷飘进室内。

★ 要关闭电视、电脑、空调等各种家用电器，并切断电源，以防雷电沿着电源线入侵，毁坏电器，威胁人身安全。

★ 不要在电灯下站立。

★ 不要触摸和靠近建筑外露的水管和煤气管等金属物体，因为金属物体容易导电。

★ 不要使用淋浴器和太阳能热水器，因水管和防雷装置都与地相连，雷电流可通过水流传导而致人伤亡。

★ 尽量不要拨打、接听电话，应拔掉电源和电话线等可能将雷电引入的金属导线。

室外防雷电

★ 雷雨天气在路上时，要找安全的地方躲避，最好躲进避雷装置良好的建筑物内或者具有完整金属车厢的车辆内。

★ 不要靠近电线杆、旗杆、铁塔、烟囱、草堆等，不要在大树下躲雨。

★ 不要在江、河、湖、海、塘、渠等水体边停留，更不要游泳。

★ 不要在高楼平台、山顶，以及车库、车棚、岗亭等处逗留。

★ 在野外无处躲避时，要双脚并拢，双手抱膝，就地蹲下，头部下俯，尽量降低身体的高度，减少人体与地面的接触面积，减少跨步电压带来的危害。

★ 在空旷的场地不要打金属柄雨伞，不要把羽毛球拍、铁锹等金属物品扛在肩上，随身携带的钥匙、手表、金属边框的眼镜等金属物品要暂时抛到远处。

★ 不要骑自行车。若是骑着自行车，要尽快离开，以免产生导电而被雷击。

★ 最好不要接听和拨打手机，因为手机的电磁波会引雷。

★ 乘车途中遭遇雷击，千万不要将头、手伸出窗外。

不要在树下避雨

雷雨天气不可在大树下避雨。因为强大的雷电流通过大树流入地下向四周扩散时，会在不同的地方产生不同的电压，在两脚之间产生跨步电压，导入人体，从而毙命。如万不得已，则须与树干保持5米以上的距离，下蹲并双腿并拢。

知道多一点

避雷针的故事

在18世纪以前，人类对于雷电的性质还不了解，那些信奉上帝的人，把雷电引起的火灾看作是上帝的惩罚。但一些富有科学精神的人，则已在探索雷电的秘密了。美国科学家富兰克林认为闪电是一种放电现象。为了证明这一点，他在1752年7月的一个雷雨天，冒着被雷击的危险，将一个系着长长金属导线的风筝放飞进雷雨云中，在金属线末端拴了一串银钥匙。当雷电发生时，富兰克林的手接近钥匙，钥匙上迸出一串电火花，富兰克林感觉手有些麻木。幸亏这次传下来的闪电比较弱，富兰克林没有受伤。富兰克林在研究闪电与人工摩擦产生的电的一致性时，就从两者的类比中做出过这样的推测：既然人工产生的电能被尖端吸收，那么闪电也能被尖端吸收。他由此设计了风筝实验，而风筝实验的成功反过来又证实了他的推测。他由此设想，若能在位于高处的物体上安置一种尖端装置，就有可能把雷电引入地下。于是他把一根数米长的细铁棒固定在高大建筑物的顶端，在铁棒与建筑物之间用绝缘体隔开，然后用一根导线与铁棒底端连接，再将导线引入地下。富兰克林把这种避雷装置称为避雷针，经过试用，果然能起到避雷的作用。

避雷针使人类抓住了雷电并将其传入大地，这是18世纪物理学的一个极大的成功，它不知拯救了多少生命，使多少房屋和建筑免遭雷击。

8. 雪灾

"北国风光，千里冰封，万里雪飘"是毛泽东《沁园春·雪》中的名句，但这种场景已不仅仅发生在"北国"，也不仅仅呈现为"风光"。

2008年1月，数十年一遇的雪灾与冰冻肆虐大半个中国，农作物受灾面积8764万亩，绝收2536万亩；房屋倒塌48.5万间，房屋损坏168.6万间，直接经济损失达1516.5亿元。这场灾难让人们看到，皑皑白雪也并不总是美丽的，有时也会成为白色恶魔。面对它，我们一定要提高警惕，注意避险自救。

雪灾也称为白灾，是长时间大量降雪造成大范围积雪成灾的自然现象，主要发生在稳定积雪地区和不稳定积雪山区，偶尔出现在瞬时积雪地区。雪灾分为三种类型：雪崩、风吹雪灾害（风雪流）和牧区雪灾。其中雪崩是指大量积雪顺着沟槽或山坡下滑，有时雪里夹带土、石块和冰块，是高寒山区自然灾害之一。天降大雪，特别是在连续大雪后，雪层迅速加厚而失稳就易发生雪崩。

安全守则

★ 雪天要尽量减少外出，关好门窗；外出时要戴好帽子、围巾、手套和口罩，穿好防滑鞋等，防寒防冻。

★ 雪天出行，当手和脚趾有麻木感时，可作搓手或踏步运动，以促进血液循环，防止冻伤。

★ 雪天出行要远离广告牌、临时建筑物、大树、电线杆和高压线塔架；要小心绕开桥下、屋檐等处，以防被上面掉落的冰凌砸中。

★ 大雪刚过或连续下几场雪后，切勿上山，尽量避开背风坡，以免遭遇雪崩。

知道多一点

雪崩发生时的紧急自救

● 雪崩发生时，应立即抛弃身上所有笨重物品，马上远离雪崩的路线。

● 若处于雪崩路线的边缘，则可快速跑向旁边或跑到较高的地方，不要朝山下跑，因为此时冰雪也在向山下崩落，向下跑反而危险。

● 若遭遇雪崩无法摆脱，切记闭口屏息，以免冰雪涌入咽喉和肺引发窒息。可以抓紧树木、岩石等坚固的物体，待冰雪泻完后便可脱险。

● 如果被雪崩冲下山坡，一定要设法爬到雪堆表面，平躺，用爬行姿势在雪崩面的底部活动，逆流而上，逃向雪流边缘。

● 如果被雪埋住，要奋力破雪而出，因为雪崩停止数分钟之后，碎雪就会凝成硬块，手脚活动困难，逃生难度更大。

9. 冰雹

冰雹是一种严重的灾害性天气。它降落的范围虽然较小，时间也比较短促，但来势猛、强度大，并常常伴随有狂风、强降水、急剧降温等阵发性灾害性天气。猛烈的冰雹会砸毁庄稼、损坏房屋、破坏交通、阻碍通信，严重的还会砸伤、砸死人畜，我们一定要小心躲避。

 **认识冰雹**

冰雹由冰雪构成，却降落在夏天。夏天天气炎热，太阳把大地烤得滚烫，容易产生大量近地面湿热空气。湿热空气快速上升，温度急速下降，有时甚至低到 -30℃。热空气中的

水汽碰到冷空气凝结成水滴，并很快冻结起来形成小冰珠。小冰珠在云层中上下翻滚，不断将周围的水滴吸收凝结成冰，变得越来越重，最后就从高空掉下来，这就是冰雹。

安全守则

★ 冰雹天气要关好门窗，尽量减少户外活动，也不要到外面去捡冰块，以免被砸伤。

★ 冰雹天气电线有可能结冰，被压断或垂落，要远离照明线路、高压电线和变压器，绝不能触摸电线，以免发生触电事故。

★ 当冰雹在地面上积累了一定厚度，又一时融化不完时，不要赤脚去蹚水，以免被冻伤。

紧急自救

● 遭遇冰雹时，一定不能乱跑，因为冰雹很可能迎面砸过来；最好及时转移到较安全的地方，如结实的房子、防空洞、岩洞，或者临时躲避在突出的岩石下或粗壮的大树下。

● 如果附近什么也没有，应该半蹲在地，双手抱头，全力保护头部、胸部与腹部不受到袭击。可以将背包、鞋或衣服等一切可以利用的物品放在头上，以起到缓冲的作用。但导电的物品和容易碎的物品，绝对不能用来当避险工具。

知道多一点

冰雹预兆

● 感冷热：湿气大，中午太阳辐射强烈，造成空气对流，易产生雷雨云而降雹。

● 看云色：雹云的颜色先是顶白底黑，而后云中出现红色，形成白、黑、红色乱绞的云丝，云边呈土黄色。

● 听雷声：雷音很长，响声不停，声音沉闷，像推磨一样，就会有冰雹。

● 观闪电：一般雨云是竖闪，而雹云的闪电大多是横闪。

10. 大雾

常言道，"秋冬毒雾杀人刀"。大雾是一种气象灾害天气，它虽不如台风、暴雨、龙卷风、冰雹等灾害天气那样凶猛和惊天动地，但它却静悄悄给人类以危害。它不仅会威胁到城市的交通和航空安全，而且雾滴和空气中的有害气体结合，形成酸性雾，对人体十分有害。这种天气我们不能不防。

据科学家测定，雾滴中各种酸、碱、盐、胺、酚、尘埃、病原微生物等有害物质的比例，比通常的大气水滴高出几十倍。这种污染物对人体的危害以呼吸道危害最为严重。因此大雾天不要在外面行走，更不要出外健身。

认识雾

　　雾是由悬浮在大气中的微小液滴构成的气溶胶。当空气容纳的水汽达到最大限度时，就达到了饱和。而气温愈高，空气中所能容纳的水汽也愈多。如果地面热量散失，温度下降，空气又相当潮湿，那么当空气冷却到一定程度时，空气中的一部分水汽就会凝结，变成很多小水滴，悬浮在近地面的空气层里，形成雾。雾和云都是由于温度下降而造成的，雾实际上也可以说是靠近地面的云。凡是因大气中悬浮的水汽凝结，导致能见度低于1千米的天气现象，气象学上都称为雾。

安全守则

★ 雾天要尽量减少户外活动，必须外出时要戴上围巾、口罩，以防吸入有毒气体，并保护好皮肤、咽喉、关节等部位，外出归来后应立即清洗面部及裸露的肌肤。
★ 雾天不宜锻炼身体，要避免剧烈运动。
★ 雾天应紧闭门窗，避免室外雾气进入室内。
★ 雾天能见度大大降低，走路要看清路况，骑车要减速慢行，以免发生交通事故。
★ 雾天饮食要清淡，少吃刺激性食物。

特别提示

雾天不宜锻炼身体

　　雾天由于近地层空气污染较严重，雾滴在飘移的过程中，不断与污染物结合，空气质量遭到严重破坏。而且，一些有害物质与水汽结合，毒性会变得更大。另外，组成雾核的颗粒很容易被人吸入，并滞留在体内；而锻炼身体时吸入空气的量比不锻炼时多很多，这更加剧了有害物质对人体的损害，极易诱发或加重各种疾病。总之，雾天锻炼身体，对身体造成的损伤远比锻炼的好处大，雾天锻炼得不偿失。

雾霾

雾霾是雾和霾的混合物，是特定气候条件与人类活动相互作用的结果。人口密度高的地区，经济及社会活动必然会产生大量细颗粒物（PM2.5），一旦排放量超过大气循环能力和承载度，细颗粒物持续积聚，就极易出现大范围的雾霾。雾霾常见于城市。

雾霾中含有大量的颗粒物，这些包括重金属等有害物质的颗粒物一旦进入呼吸道并黏着在肺泡上，轻则会引发鼻炎等鼻腔疾病，重则会导致肺纤维化，甚至还有可能导致肺癌。除此之外，若人们大量吸入雾霾，还会患上心血管系统、血液系统、生殖系统的疾病。所以，我们要采取有效的预防措施。

● 戴口罩。阻隔雾霾接触到口鼻，是直接且有效的预防方式。最好购买专业防霾口罩。

● 戴帽子。头发吸附污染物的能力很强，出门前戴帽子，能够有效减小危害。

● 穿长衣。不要为了潇洒而短打扮，短打扮会增大和有害空气接触的面积。穿长衣可减小危害。

● 减少出门。这样便直接隔断了与雾霾的接触。尤其是老人与儿童，应尽量减少室外活动。

● 户外"短平快"。雾霾天气减少户外活动是非常必要的。出外也要短暂停留，平和呼吸，小步快走。

● 搞好个人卫生。雾霾天气去上班或做其他的事情，回家后要及时搞好个人卫生。

● 进屋就洗脸、洗手。"全副武装"在室外逗留后，皮肤接触有害颗粒物最多的地方就是脸和手，所以，进屋就要洗脸、洗手。

● 注意饮食、调节情绪。多吃含氨基酸的食物，以维持抗体正常的生理、生化、免疫机能，以及生长发育、新陈代谢等生命活动。此外，要多补硒，比如食物补硒和吃一些补硒剂如麦芽硒、蛋白硒等。由于雾天日照少、光线弱、气压低，有些人会精神懒散、情绪低落，要注意调节。

03 心理安全篇

XINLI ANQUAN PIAN

1. 我好烦，一天到晚都在上学、做作业，怎么办？

我一天到晚都在上学、做作业，还要经常应付各种考试，心里不知道有多烦。

你也许不知道，你能每天坐在教室里上学是件多么幸福的事儿！好多贫困地区或贫困家庭的孩子渴望上学却上不起学。你更不知道，学习对一个人的一生有多重要！

一个人从小学到大学毕业，通常要上16年学。有志向并热爱学习的人还会花上更多的时间去读硕士和博士。花那么多时间上学，是为了系统掌握科学文化知识和现代技术，培养学习、研究和创新的能力，这样才能更好地适应社会的变化，并用自己的所学服务社会，使自己成为一个对社会有用的人才。

上学既然这么重要，你是不是应该注重学习效果，努力学好、学扎实呢？其实老师布置作业就是为了帮助你巩固所学的知识，加深你对所学知识的印象。因为如果你不经常复习，所学知识就会逐渐被忘记。做作业就是帮助你复习和加深记忆的一种需要。

那么，你学习和做作业的效果怎样呢？用考试来检测一下吧！它能帮助你弄清楚哪些知识已经掌握了，哪些知识还需要巩固。你看，考试很重要吧？所以，你一定要认真对待。

2. 我现在想学习了，还能跟上吗？

我过去一直贪玩，不爱学习，成绩落下不少，现在看到几个好朋友都变成"学霸"了，我不想没面子，也想好好学习，提高成绩，但又有点儿担心跟不上。

哇！你开始有上进心了，这是好事，我很欣赏你。

你以前没好好学习，功课落下很多，担心再怎么努力也赶不上别人了，其实这种担心是多余的。你要相信自己，学习是一个长期的过程，我们每个人几乎一辈子都在不断地学习。任何时候，只要想学习了，马上开始都不晚。另一方面，你不要忽略自己的潜在能力。只要你真的想学习，方法又得当，经过一段时间的努力和坚持，肯定会赶上别人的，说不定还能超过别人呢！给自己点儿信心，加油！

你可以试着给自己规划一下，列一张计划表，制定不同时期的不同目标。比如，一节课要达到什么目标，一天要达到什么目标，一个星期、一个月、一学期、一年要达到什么目标……最重要的是，你制订完计划，一定要按照这个计划去执行。如果执行过程中发现计划有不合适或不合理的地方，可以适当修改。但一定要坚持下去，别犯懒，别受外界干扰和诱惑，别给自己找不学习的借口。

还等什么，时不我待，快快行动起来吧！

3. 我上课发言总是很紧张，声音还发颤，怎么办？

我上课发言老是脸红心跳，有时说话声音都发颤，怎么做才能不这样呀？

其实，不只是你，这种事儿在不少同学身上也都存在。上课发言之所以脸红心跳，主要是因为你心理素质差，又缺乏锻炼。这种情况是可以改变的。

首先，你可以在家里对着镜子大声朗读或唱歌，练到心里不慌了，再请几个邻居或小朋友来看你的表演。等胆子练得大些了，你可以主动在课上发言，有意识地锻炼自己。不过，举手之前要先想好答案，做到心中有数，这样心就不慌了。回答问题时，要把语速放慢些，声音洪亮一些，尽量让大家都听清楚你在说什么。经常在课上回答问题，慢慢地你就不会脸红心跳了。

其次，要尽可能利用各种机会锻炼自己，如多和同学聊天，多参加演讲比赛，多参加学校组织的各种活动。特别是有文艺演出时，你要是能上台表演个节目，那才练胆儿呢！不要怕说错话或表现不好被别人讥笑，其实，善意的笑声会让你发现自己错在哪里，好引以为戒。同时，也可以让父母帮助你多营造一些能够表达自己、展示自己的氛围。

总之，树立起足够的信心，相信自己能行，你就不会再脸红心跳，声音也能变正常了。

4. 我一遇到挫折就感觉世界末日要到了，怎样才能像别人那样坚强呢？

别人遇到什么事儿好像都挺坚强，可我一受挫折就承受不了，好像世界末日到了一样。我怎么才能坚强起来呢？

人和人是有差异的，不同的人对外界刺激的反应是不同的，面对挫折，有人坚强，有人脆弱。

坚强还是脆弱，与一个人的意志力和忍耐力有关，也与人的态度和信心有关。意志力强的人，生活态度乐观的人，对未来、对自己充满信心的人，就表现得比较坚强，相反则比较脆弱，经受不起挫折。

你耐挫折的能力差，可能与你的经历有关。如果你在成长的过程中受到过多的保护，从来不知道付出才会有收获，从来是一有不如意就有人出手帮忙，那么你的耐挫折能力肯定不会有多强的。

相反，有的人从小比较独立，善于从失败中摸索、学习，能够在挫折的台阶上继续向上，他们的意志往往就比较强。

你要想变坚强，就向他们学习，从自立、自主开始做起吧！

5.我也很努力，可成绩就是上不去，怎么办？

我很刻苦，在学习上花的时间也比别人多，可成绩就是上不去，谁能帮帮我？

学习成绩不仅与你的努力程度有关，还与你的智力水平、学习方法和学习习惯有关。

人的智力水平有高有低。智力水平较高的人，学习起来相对轻松。但智力水平较低的人，可以通过增加学习时间来完成同样的学习任务，达到同样的学习效果。这就是人们常说的"勤能补拙"。

此外，学习方法很重要，不同的学习方法产生的学习效率是完全不同的。如果你学习时不注意随时梳理、总结整体的知识结构，而是把大量的时间花在个别细节上，就很难建立起适合自己的、有机的知识体系，也就不能灵活运用知识、提高学习效率了。

提高学习效率很重要，大致有以下途径：

- 每天保证8小时以上的睡眠，中午坚持午睡。充足的睡眠、饱满的精神是提高学习效率的基本要求。
- 学习时要全神贯注。玩儿的时候痛快玩儿，学的时候认真学，劳逸结合才能提高效率。
- 坚持体育锻炼。身体是学习的本钱。没有一个好的身体，学习起来会感到力不从心，这样怎么能提高学习效率呢？
- 学习要主动。只有积极主动地学习，才能感受到学习的乐趣。有了兴趣，效率才会提高。

另外，学习习惯也不能忽视。如果你常常一边写作业一边看电视、发短信，或者想着别的事情，看上去在学习上花了很多时间，实际并没有，学习效果肯定很差，学习成绩当然上不去。

6. 我不想再抽烟、喝酒、打架……可又怕朋友说我不讲义气，怎么办？

我喜欢跟朋友们在一起，但时间长了，我发现，和他们在一起做的都是坏事，如抽烟、喝酒、打架、偷东西……我心里真不想再做这些事了，可又不好意思拒绝朋友们的邀请，怎么办呢？

明知道不该做的事还继续做下去，会让人慢慢失去自控能力，最终越陷越深。你可以找你信任的人说出心里的苦恼，让自己心里舒服点儿，也听听他们的建议。他们多半会告诉你，当有人再邀你做不该做的事时，要学会说"不"。如果你不好意思拒绝，就会再次妥协，使朋友认识不到错误，使你们的关系沿着错误的轨迹越走越远。如果这算讲义气的话，还是不讲为好。

一个人讲义气是要有原则的，不能不分对错，只要朋友说的就照做。那些拉你做坏事的人，绝不能算是朋友。所以你要坚决表明你的态度：小孩子抽烟喝酒不好，对身体有害；打架、偷东西是错误的，甚至是犯法的，不能做。如果你能想办法说服他们也不做坏事了，那才是讲义气呢！如果他们不听劝告，你最好与他们断绝来往，结交新的朋友。老师、家长都会支持你这么做的。

7. 怎样才有好人缘，才不被人讨厌呢？

下课了，同学们呼啦一下都围到桐桐的身边，有给她带漫画书的，也有给她带明星画片的，还有跟她聊动画片故事情节的，她超有人气！看到她那么受同学欢迎，我感觉自己好孤单，怎么没人愿意理我呢？我也想有好人缘，不想被人讨厌。

有好人缘确实令人开心，不过，要想不被人讨厌，并且拥有好人缘，得自己努力争取。给你些建议，你试试看：

- 主动和同学亲近。你主动和同学打招呼聊天，同学才会和你逐渐熟悉并亲近起来。如果你不主动，别人会以为你很内向或很难接近，时间长了就不愿意和你交往了。

- 尽量宽容大度些。有些同学一遇到事儿就斤斤计较，喜欢生气闹别扭，而且拌两句嘴就不理你；事后后悔了，又不知怎样与你和好。这时，如果你能大度些，主动与其和好，不去计较对错，同学看你这么宽容友善，都会愿意和你交往的。

- 多学课外知识。如果你知识面广，跟同学天南海北地聊天时，说什么你都知道一些，就容易跟人聊得来。这样，朋友自然就多了。

- 多点儿兴趣爱好。兴趣爱好多，就能跟有相同爱好的同学玩儿到一块儿。这样，朋友也会多起来。

- 不说伤人的话。和同学相处，不论是聊天，还是谈笑，不要揭人伤疤，不要冷嘲热讽，待人要真诚。

- 不自私，不自以为是。和同学相处，不要凡事只想自己，要多站在朋友的立场想想，更不要发号施令，有什么事大家一起商量。

8. 我跟好朋友吵架了，用什么方法和好呢？

因为一些小事，我跟好朋友吵架了，他不理我了，我现在很后悔。我想与他和好，又拉不下面子，用什么方法好呢？

你和好朋友吵架后，心里一定很难受吧？

如果你想尽快与朋友和解，又放不下架子，有一些实用的方法你可以试试：

一是可以写个小纸条，把当面不好意思说的都写在纸上，比如"对不起，我不想和你吵架，但当时情绪有点儿失控，都是我的错，请你原谅我吧"；

二是可以发短信说你当面难以启齿的话；

三是可以悄悄地帮朋友做点儿事情，送个小礼物，或从家里带点儿香蕉、橘子等水果给他，用实际行动表达你的心意，这样就能化解你们之间的尴尬了。

其实，吵架没有绝对的谁对谁错，率先表现出高姿态，朋友看你那么主动和大度，也会在心里反省自己的过失，然后接受你的道歉。

解铃还须系铃人，有了矛盾不要逃避，要拿出勇气面对和解决，用你的真诚打动朋友，这样你们就会和好如初了。

9. 好朋友误解我了，我很委屈、很难过，怎么办？

我的好朋友婷婷最近对我爱搭不理，我很难过，但又不知为什么。一个偶然的机会，我才听说，原来婷婷误会我在老师面前告了她的状。可我是被冤枉的，所以我现在心情很不好，该怎么办呢？

被人误解或冤枉是常有的事儿，这的确让人难受，但如果你觉得自己没做错什么，没必要费口舌去解释，就此也不理误解你的人了，这不仅解决不了问题，还会使情况变得更糟，甚至使你们的关系彻底变僵。假如你不想失去婷婷这个朋友，最好尽快找机会跟她解释清楚，消除误会，尽早和解。如果误会不能马上消除，你也要看开一些，相信事情总有水落石出的一天，不要因此封闭自己或委曲求全，承认自己没做过的事儿。相信只要你有足够的诚意，婷婷迟早会与你和好的。

10. 我在暗恋班里一个女生，我能跟她表白吗？

我在暗恋班里一个女生，她人长得漂亮，能歌善舞，每次学校联欢，她都是压轴的。我看她表演时，眼睛都不舍得眨一下。可我不知她喜不喜欢我，我能跟她表白吗？

你说你暗恋一个女生，我想这也许不是暗恋，只是一种很单纯的倾慕和喜欢而已。从你的描述中可以看出，你对异性的感情很纯真，只是欣赏她的相貌和才华而已。

小学期间喜欢上一个异性同学是很正常的。这说明你正从"以自我为中心"的世界里走出来，慢慢地开始理解别人，愿意和别人交朋友。出于好感或好奇，你想了解她、接近她，但又因为她太耀眼而心生胆怯。

要知道，喜欢和恋爱有相同之处，也有不同之处。这两种情感都是积极的，都表现为接纳对方并愿意和对方在一起。但喜欢是一般性的情感，更多的属于友谊。恋爱则更为专一，更多的属于爱情，它的目标是婚姻。一个人可以同时喜欢很多人，和很多人交朋友，但不能同时和很多人谈恋爱，更不可以同时和很多人结婚。

在你这个年龄谈恋爱还太早，跟她表白也不会有结果。所以，最好不要向她表白。至于谈恋爱，那是成年以后的事儿啦。

11. 有的男生想要接触我的身体，我要怎么做才好？

我现在是小学6年级的女生了，不知为什么，时常被男生捉弄。有时，周围没有别人的时候，有的男生还想摸我或拥抱我。我该怎么做好呢？

小学高年级的学生，到了青春期，对异性都充满好奇，但并不了解异性。所以胆大一点儿的男生，就会做一些恶作剧，想以此来多接触女生。你可能比其他女生发育早，男生对你的好奇就多些。这时，你千万不要因为不好意思拒绝，就同意男生的要求，这种要求是非礼的。如果你允许他碰你的身体，下次他就会想和你有更多的肢体接触。如果是喜欢你的男生对你提出这方面的请求，你也要回绝他，不要怕他不高兴。如果他真的喜欢你、关心你，就会尊重你的意见，接受你的拒绝和建议；如果他不顾你的感受，使用暴力，你要立刻告诉老师或父母，甚至可以打110报警。以后，要避免和他单独在一起，并和他断绝往来。如果你也好奇，答应和他一起做越轨的事儿，一定会尝到苦果，并有可能为此付出惨痛代价。

12. 老师私下总对我做些亲昵的动作，我讨厌这样，怎么办？

我们学校有一个老师，老是留下我帮他批改作业，等大家都走了，就跟我拉拉扯扯，做些亲昵的动作。我不敢叫，也不敢跟爸爸、妈妈说，可我讨厌老师这样。

这个老师的行为已经属于性骚扰，如果你不敢对他说"不"，他会一直找机会骚扰你，而且会变本加厉，甚至会升级到性侵害。这对你非常不利，也非常危险。建议你及早跟父母说清楚，让父母找学校领导对那个老师采取措施，制止他再犯同样的错误。

陌生人对你进行性骚扰，容易引起你的戒备，但身边的熟人，如老师、同学、邻居、亲友等对你进行性骚扰，你反而容易放松警惕。所以，在这些认识的异性面前，你不要穿得太单薄、太暴露，也不要和他们有过于亲密的肢体接触。对异性的挑逗，你要坚决说"不"，还要及时告诉父母。如果有必要，可以请求保护未成年人的机构保护自己，也可以向公安机关报警。

13. 她什么都比我强，我很嫉妒，怎么办？

小娜长得漂亮，学习好，好多男生都喜欢她，女生也很羡慕她。可我却不以为然："切，有什么了不起！"同学们看到我这样，都说我吃不到葡萄说葡萄酸。我真嫉妒她，怎么谁都喜欢她？

你有嫉妒心理是因为你某些方面不如小娜，可又不甘心落后。其实，每个人都有嫉妒心，只是有的人嫉妒心强，有的人嫉妒心弱。嫉妒心强的人由于害怕别人比自己强，或者自己想赶超别人又赶超不了，就会情绪低落，甚至烦躁，产生偏激心理，专记别人的缺点，不记别人的好处，还出言讽刺挖苦，对人冷淡。

如果你也这样，说明你的嫉妒心很强，把比你优秀的人变成了假想敌，这会让你浑身带刺，使别人都讨厌你、远离你。要想改变这种情况，建议你改变心态，正确看待别人的长处和自己的短处。你可以努力赶超别人，但同时也要明白，不是所有弱点努力后都能消除，所以，即使你赶不上别人，也不用自卑。你只要清楚自己的优势是什么，并将这种优势尽量发挥到最大，别人是会看到并认可的。

另外，要大度，看待一个人一定要多看别人的长处，包容别人的不足，那样你也会成为一个受欢迎的人。

14. 小孩一定要听大人的话吗，他们就都对吗？

妈妈对我要求特别多，让我什么都听她的，比如每天做完作业再玩、吃饭不能出声、九点洗澡、九点半上床、十点睡觉、看动画片不能超过半小时……我好像什么事情都不能自己做主。小孩一定要听大人的话吗，他们就都对吗？

你问得好。这说明你开始思考问题了。我也问你一个问题：我们为什么能过上现代化的生活？也许你没认真想过这个问题，也许你觉得一切都是顺理成章的。但你知道吗？无数上一代的"大人们"经过不懈的探索研究，把自己的宝贵经验传授给下一代，下一代吸收利用并加以创新，才有了那么多的发明创造。我们身边的大人们，既汲取了他们上一代的宝贵经验，又有自己的生活实践，从中积累了宝贵的知识和经验，其中有成功，也有失败。这些经验，大多数情况下会对你的人生有指导作用，让你少走弯路。如果你听了大人的话，再有意识地去体验和总结，就可以把它变成自己的人生经验，那将是你一生受用不尽的宝贵财富。

15. 我一玩电脑游戏就上瘾，怎么才能控制住自己呢？

最近，我迷上了电脑游戏，尤其是网络游戏，一玩就上瘾，怎么也收不了手。

这是因为，网络游戏是多人参与的网上电子游戏。平时你在电脑上玩游戏，游戏都是设计好的，你玩过一关还有下一关，要想通关，得过完规定的关数。过关的过程中，你可能会得到积分或奖赏，级别也越来越高，体验到一种特殊的兴奋与满足，这使你上瘾。不过，自己一个人在电脑上玩儿，拼的是自己的智力水平，虽然有些游戏也能与电脑竞赛，但毕竟是人与机器的对抗，乐趣少些。而网络游戏则可以同时和很多人在线玩儿，它是人与人的对抗，更有趣味性和挑战性，更让人兴奋。而且，由于有网友牵绊，即使你想停止游戏，网友也不干。加上有些网络游戏还能让你具有现实中没有的超能力，这给你带来很大的成就感，尤其使你兴奋。但这种兴奋会因为不断的刺激而减弱。因此，为了达到同样程度的兴奋，需要的刺激量会逐渐增加。于是，你玩游戏的时间就越来越长，玩的程度也越来越激烈，最后欲罢不能。

要想控制自己玩游戏的欲望，就得有一定的自制力。你要选择健康的益智游戏，对那些充满暴力、血腥等不良内容的游戏，要坚决抵制。同时要给自己规定玩游戏的时间，比如固定在完成作业后玩半个小时，并让爸爸、妈妈监督自己，时间一到，立刻断网。坚持一段时间，你就能控制住自己了。

要想完全从内心深处摆脱游戏的诱惑，你还需要找到现实世界中能够吸引你的注意力、激发你兴趣的事情来做，比如打球、游泳，以此填满你的业余时间。你还可以给自己设立个每次进步一点点的考试目标，当你达到目标的时候，你就会获得虚拟世界给不了你的那种真正的成就感，从而对生活充满信心。

16. 我的理想跟父母希望的不一样，怎么办？

我从小就崇拜大明星，总梦想着自己有朝一日也当明星，让大家都认识我、崇拜我。可爸爸、妈妈觉得眼下还是好好读书，将来考个好大学才更现实些。他们不管我愿不愿意，就其实，很多孩子都有和你类似的经历和烦恼。就说贝多芬吧，他从4岁开始，就被父母硬拉去学弹钢琴，结果没像父母期望的那样变成钢琴家，却成为著名的作曲家。

比较好的解决办法是你一面学好功课，一面充分展示自己的艺术才能，让父母认可你将来在这方面大有可为，父母就会理解你、支持你，并成为你实现理想的助力。但如果你只是贪图明星耀眼的光环，而并没有什么艺术天赋的话，还是应该把不切实际的想法打消，好好学习，根据自身特点，寻找适合自己的奋斗目标，然后跟父母好好沟通。只要是合理的请求，父母会支持你的。

17. 如果爸爸、妈妈离婚，他们还会爱我吗?

爸爸、妈妈要离婚了，我觉得自己会很不幸，从此可能再没人爱我了。

你的爸爸、妈妈要离婚，可能是因为他们感情不和，也可能是他们希望追求自己喜欢的生活。这无可厚非，每个人都有追求幸福和自由的权利。但对于家庭来说，离婚毕竟是不幸的事，它意味着一个家庭的解体，特别是对于你这么大的孩子，爸爸、妈妈要离婚，会让你的生活彻底改变。你一定很难过、很苦闷吧？那就大声哭出来，别憋在心里，这能帮你减轻心理压力。如果你能和爸爸、妈妈谈谈，把你的感受告诉他们，让他们认真考虑，别一时冲动做决定，也许他们会和好。

但当你无论怎么努力也无法挽回爸爸、妈妈的婚姻时，那说明他们真的不适合在一起了。因为婚姻是美好的，但没有爱情的婚姻是痛苦的。所以，即使无奈，你也要学会面对生活的变故，学会接受现实。你肯定不希望看到父母痛苦一辈子吧？

不过，你也不用过分担心，你的爸爸、妈妈即使离婚，也还会爱你的，你永远是他们的孩子，他们永远是你的爸爸、妈妈。

18. 爸爸既懒惰又对妈妈不好，甚至还动手打妈妈，我讨

厌他，怎么办？

爸爸可大男子主义了，在家什么活都不干，还经常对妈妈大吼大叫，甚至动手打妈妈。他上一天班，妈妈也上一天班呀！妈妈回到家后做饭、洗衣服、打扫卫生，还要帮我补习功课，一刻不停地忙，爸爸都不知道脸红吗？我讨厌他！

爸爸不尊重妈妈，确实不对。你讨厌他，说明你有朦胧的正义感和同情心。不过，爸爸有缺点，你可以帮助他，而不能讨厌他，不然只能让你的家庭关系更加恶化。而且，他毕竟是你的爸爸呀！如果你理解妈妈，同情妈妈的处境，就要安慰妈妈，经常逗妈妈开心，尽量帮妈妈做些力所能及的家务事，而且要努力学习，让她少为你操心。另外，你最好和爸爸认真地谈谈，让他知道他这么对妈妈，不仅让妈妈伤心，也让你痛心。爸爸可能是因为工作上压力大，又辛苦劳累，有时情绪失控，他那样对妈妈后，心里也会后悔，只是过后一累又犯了同样的毛病。对此，你也要理解。不过，还是要告诉爸爸，妈妈工作也有压力，回家还要承担那么多的家务，很辛苦，作为男子汉，应该保护妈妈、爱护妈妈，拿压力作借口、粗暴地对待妈妈是不对的。

无论怎样，一家人都应该相互体谅，这样家才能变得温馨、和谐。

19. 别的同学什么都有，我却什么也买不起，好想家里有很多钱，怎么办？

有的同学总是坐着小汽车来上学，书包、文具都是名牌，而且要什么家里就给买什么，零花钱也多。这些我都没有，因为家里条件不好，连买个像样点儿的文具妈妈都不答应。我好羡慕那些同学，也好想家里有很多钱。

有钱确实好，可以想买什么就买什么，也能让生活变得丰富，想干什么就干什么。这也是人们喜欢钱的原因。但挣钱多少与人们的工作有很大关系。有人从事的行业，收入普遍较高；有人从事的行业，收入普遍较低。职业不同，收入就不同。即使职业相同，如果岗位不同，收入也不一样。你家钱少，可能跟你爸爸、妈妈的工作有关系。要想挣钱多，就得想办法换工作，或者多做几份工作。不过，如果你强求父母做他们做不来的事情，就说明你有些自私了。

太看重金钱，又时常跟别人攀比，可能会让你滋生虚荣心，不利于你的品德培养和人格塑造。如果你只是想让家里生活宽裕些，那就要从现在开始好好学习，增长本领，将来走上社会，能凭自己的本领去挣钱，这样，既为社会做了贡献，又能让爸爸、妈妈过上好一点儿的生活。

20. 爸爸又结婚了，我讨厌新妈妈和小弟弟，也讨厌爸爸，怎么办？

我的爸爸、妈妈离婚后，爸爸娶了新妈妈，生了小弟弟。现在，爸爸让我干这干那，还逼着我学习，我开始有点儿讨厌他了，而且他好像只喜欢新妈妈和小弟弟了。不过，我最讨厌的还是新妈妈和小弟弟，是他们抢走了爸爸对我的爱。

遇到这种情况，你如果能换一种心态，站在爸爸的立场上想想，也许你会发现，自从新妈妈进门，爸爸变得很幸福、很开心。新妈妈虽然生了小弟弟，其实对你也不差，你如果放弃对新妈妈的成见，不嫉妒爸爸疼爱小弟弟，甚至帮忙照顾小弟弟，一方面可以增进兄弟感情，另一方面更容易让新妈妈接纳你、亲近你，并且逐渐像亲妈妈一样疼爱你。家庭和睦了，你的爸爸也会因你懂事而更加疼爱你。

04 附录
FULU ///////////////////////////

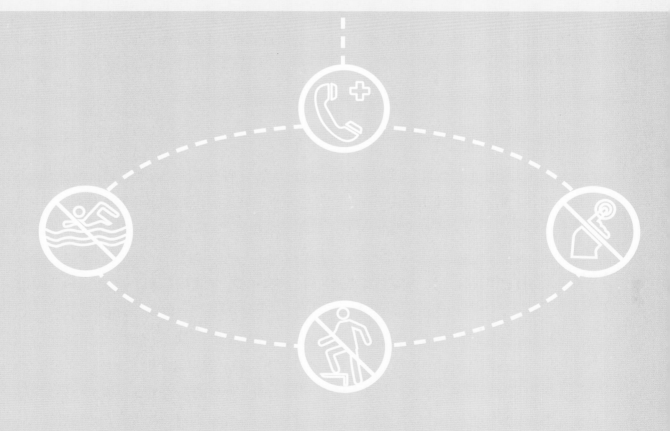

遇险求救方法

危难时刻，如果你不能自救，需要向别人求助，发出需要别人帮助的求救信号。掌握求救知识，会在关键时候给你巨大的帮助，甚至拯救你的生命。

电话报警

遇到危难或需要帮助时，可及时拨打报警电话。紧急报警电话全国统一为：报警求助"110"、火警"119"、医疗救护"120"、交通事故"122"。目前很多城市都已建立110、119、122三台或110、119、120、122四台联动机制，危急时刻，拨打其中任何一个号码都可得到帮助。

很少有人不知道这些报警电话，但却很少有人知道如何正确拨打。"报警早，损失小"。危难之时，如果救护人员早一分钟到达，就会减少一分危险。但如果报警电话拨打不当，不但会贻误事故、案件的最佳处理时机，也会给警方造成不必要的负担。那么怎样才能让你的报警及时有效呢？

● 如何拨打报警求助电话"110"

当发现杀人、抢劫、绑架、伤害、盗窃等各类刑事案件，或者目睹扰乱社会秩序、赌博、吸毒、结伙斗殴等违法乱纪行为，各种自然灾害来袭，发生交通事故和火灾事故，以及遇到危难、处于孤立无援境地的时候，你都可以拨打"110"报警求助电话。正确拨打方法如下：

1. 拨打报警求助电话，要就近并抓紧时间，沉着镇静，听见拨号音后，再拨"110"号码。

2. 拨通"110"电话后，应再询问一遍对方是不是"110"，以免打错电话。

3. 确认拨通"110"后，要立即讲清案发、灾害事故或求助的确切地址。

4. 简要说明情况。如果是求助，要讲清求助什么事；如果是发生了案件，则要讲清案发时间，作案人体貌特征、人数、作案工具、逃跑方向、使用的交通工具等情况；如果是灾害事故，要讲清灾害事故的性质、范围和损害程度等情况。讲述时要控制情绪，吐字清楚。

5. 要冷静地回答接警人员的提问，并告知你的姓名和电话号码，以便保持联系。

6. 报警后若无特殊情况，应在事发现场等候，并保护好现场，随时接受"110"指挥中心的电话询问，发现前来处理的民警，要及时主动取得联系。

7. 如果歹徒正在行凶，拨打"110"报警求助电话时要注意隐蔽，别让歹徒发现。

● 如何拨打火警电话"119"

发现火情的时候，应立即拨打"119"电话报警。正确拨打方法如下：

1. 拨打火警电话，要沉着镇静，听见拨号音后，再拨"119"号码。

2. 拨通"119"电话后，应再询问一遍对方是不是"119"，以免打错电话。

3. 要讲清发生火灾的准确地址，包括街道名称、楼房号码、门牌号等；如说不清楚，也可以提供周围明显的建筑物或道路标志等信息。

4. 要讲清是什么东西着火，是什么原因引起的火灾，说清火势情况及火灾范围，以便消防人员及时采取相应的灭火措施。

5. 要冷静地回答接警人员的提问，并告知你的姓名和电话号码，以便保持联系。

● 如何拨打医疗急救电话"120"

要为自己或他人寻求医疗紧急救助，应拨打"120"电话报警。正确拨打方法如下：

1. 拨打医疗急救电话，要沉着镇静，听见拨号音后，再拨"120"号码。

2. 拨通"120"电话后，应再询问一遍对方是不是"120"，以免打错电话。

3. 要讲清需要急救的人数、病人的病情以及所处的详细地址，以利于救护人员及时赶到，争取抢救时间。

4. 要冷静地回答接警人员的提问，并告知你的姓名和电话号码，以便保持联系。

● 如何拨打交通事故报警电话"122"

当遇到道路交通事故时，应拨打"122"电话报警。正确拨打方法如下：

1. 拨打交通事故报警电话，要沉着镇静，听见拨号音后，再拨"122"号码。

2. 拨通"122"电话后，应再询问一遍对方是不是"122"，以免打错电话。

3. 要讲清事故发生的地点、位置和时间，以及人员伤亡等事故的主要情况，以便快速出警，及时抢救伤者。

4. 要冷静地回答接警人员的提问，并告知你的姓名和电话号码，以便保持联系。

特别提示：拨打报警电话是非常严肃的事，报警要实事求是，不能夸大事实。也不要开玩笑或因好奇而随便拨打，以免造成资源浪费。

声响求救

遇到危难时，除了喊叫求救外，还可以吹响哨子、击打脸盆、用木棍敲打物品、用斧头击打门窗或敲打其他能发声的金属器皿，甚至打碎玻璃等物品，向周围发出求救信号。

光线求救

遇到危难时，利用回光反射信号，是最有效的办法。常见工具有手电筒，以及可利用的能反光的物品（如镜子、罐头皮、玻璃片、眼镜等），每分钟闪照6次，停顿1分钟后，再重复进行。

抛物求救

在高楼遇到危难时，可抛掷较软的物品，如枕头、书本、空塑料瓶等，以引起下面人的注意并指示方位。

烟火求救

在野外遇到危难时，白天可燃烧新鲜树枝、青草等植物发出烟雾，晚上可点燃干柴，发出明亮、耀眼的火力向周围求救，但要避免引起火灾。

地面标志求救

在比较开阔的地面，如草地、海滩、雪地上，可以制作地面标志，利用树枝、石块、帐篷、衣服等一切可利用的材料，在空地上堆摆出"SOS"或其他求救字样。

留下信息

　　当离开危险地时，要留下一些信号物，以便让营救人员发现，及时了解你的位置或者去过的地方。一路上留下方向指示，有助于营救人员找寻到你，也能在自己迷路时作为向导。